INSPIRATION
Biene

Zugunsten einer leichteren Lesbarkeit wird in diesem Buch nicht immer ausdrücklich auch die weibliche Form genannt. Selbstverständlich sind aber immer weibliche und männliche Personen gemeint. Wir bitten für dieses Vorgehen um Ihr Verständnis.

1. Auflage 2020

© Aurelia Stiftung, Berlin und Klett MINT GmbH, Stuttgart.
Alle Rechte vorbehalten

Redaktion: Das Verlagsbüro Jörg Schmidt, Andernach
Illustrationen: Jens Maria Weber, Hattingen
Layout: Petra Wöhner, Klett MINT GmbH, Stuttgart
Satz: Tanja Bregulla, Aachen
Druck: C. Maurer GmbH & Co. KG, Geislingen/Steige

ISBN: 978-3-942406-39-0

Thomas Radetzki | Matthias Eckoldt

INSPIRATION
Biene

Aurelia
ES LEBE DIE BIENE

INHALT

INSPIRATION

Kaum zu glauben: Bienen kommunizieren miteinander mithilfe elektrostatischer Felder. Durch deren präzise Messung wird es möglich, punktgenau zu erfahren, wo und wann Pflanzenschutzmittel in die Landschaft gesprüht werden.

Dieses beeindruckende Phänomen ist eines unter vielen, die uns dem Wesen der Biene näherbringen und uns in Staunen versetzen. Flügelnah folgen wir der Biene in sieben Kapiteln, von der Brutzelle, durch deren Deckel sie sich nagt, über die vielen Aufgaben, die sie im Stock als Ammen-, Putz-, Bau-, Heizer- und Honigbiene erledigt, bis sie schließlich ins Freie kommt. Erst bewacht sie den Stockeingang, dann fliegt sie als Sammlerin aus. Die Hälfte ihres Lebens ist bereits verstrichen, wenn sie zum ersten Mal die Sonne sieht, Nektar leckt und Pollen sammelt.

Vorgänge, die uns bei näherer Betrachtung und vor dem Hintergrund wissenschaftlicher Erkenntnisse bemerkenswerte Gesetzmäßigkeiten in der Kommunikation und Organisation eines Bienenvolkes erleben lassen. Könnten wir uns vorstellen, ohne Sinneskontakt zur Außenwelt zu kommunizieren oder dass sich die Führung in einem Bienenstock situativ aus der Aufgabe heraus ergibt, ohne den Blick auf das Ganze zu verlieren? Ganz abgesehen von der Eigenschaft der Biene, Fruchtbarkeit zu spenden, wenn sie von Blüte zu Blüte fliegt, um an den süßen Saft zu kommen.

Doch im Buch geht es um mehr als die Beobachtung der staunenswerten Phänomene der Bienenwelt. Um Fragen nämlich, die unsere eigene Existenz betreffen. „Inspiration Biene" lädt zu einer Entdeckungsreise ein, auf der man sich neugierig lauschend dem Wesen der Bienen nähern und dabei immer auch etwas über die Prinzipien des Lebens erfahren kann. So will das Buch zur Selbstreflexion einladen und Motivation zum Handeln sein. Vielleicht begegnet uns das Bienenvolk als das erfolgreichste Unternehmen der Welt mit der Erkenntnis, dass ein Gemeinwesen auf Dauer nur bestehen kann, wenn alle Beteiligten dabei gewinnen.

Thomas Radetzki & Matthias Eckoldt, Berlin, März 2020

WO BIENEN
KÜSSEN

WO BIENEN KÜSSEN

Ein Kuss an der Haustür. Ein Kuss zur Begrüßung und zum Abschied am Flugloch. Ein Kuss unter Schwestern. Gleich nachdem die Sammelbiene gelandet ist, verschlingt sich ihr Rüssel mit dem einer Stockbiene. Ein inniger Moment, in dem der Nektar fließt. Aus dem Honigmagen der Sammlerin steigt er auf und rinnt in den Rüssel ihrer Schwester. Bis zum letzten Tropfen bleiben sie im Kuss verbunden. Dann gehen sie wieder ihrer Wege. Die eine verschwindet im Stock, die andere zieht wieder aus und fliegt zur nächsten Blüte.

Zielstrebig steuert die Sammlerin morgens früh auf einen prächtigen, weiß blühenden Apfelbaum zu. Nach kurzer Suche setzt sie sich auf den Rand einer Blüte, dort, wo die kühn geschwungenen Kronblätter ansetzen. Dann tut sie es wieder. Sie küsst erneut. Die Sammelbiene senkt ihren Rüssel tief in die Blüte hinein, ihren ganzen Körper streckt und windet sie, bis sie mit dem Rüssel unten auf den Blütenboden kommt. Dort, wo der Nektar auf sie wartet. Dann saugt sie die süße Flüssigkeit auf. Nur ist es kein Saugen im eigentlichen Sinne, wie man es von einer Pumpe her kennt und wie es Schmetterlinge praktizieren. Die Honigbiene leckt den Nektar durch rasche Bewegungen ihrer Zunge auf. Eher wie ein Hund oder eine Katze. Durch diese Technik kann sie auch jenen Nektar aufnehmen, der durch seine hohe Zuckerkonzentration recht zähflüssig ist. Saugende Insekten hingegen müssen vor diesem besonders nahrhaften Saft oft kapitulieren.

Während sich die Sammlerin in die Blüte hineinwindet, um den Nektar bis zur Neige auszukosten, löst sie mit ihrem Haarkleid Pollen aus den Staubgefäßen. Der bleibt an ihr haften, und wenn die Biene zur nächsten Blüte geht, sorgt sie für deren Befruchtung, sobald sie den Pollen mit ihren Bewegungen an die Blütennarbe drückt. So stiftet ihr Kuss eine Frucht.

Auch den Pollen lässt sie nicht achtlos zurück. Die Sammlerin bürstet den feinen Pollenstaub mit Kämmen zusammen, schiebt ihn in kleine Körbchen, die sich zu diesem Zweck an ihren Hinterbeinen befinden, und bringt ihn mit nach Hause in den Stock. Allerdings übergibt sie ihn nicht auf der Landefläche an eine ihrer Schwestern, sondern schlüpft selbst in den Stock hinein. Dort bürstet sie sich ab, füllt den Pollen in eine Zelle der Wabe und stampft ihn fest. Mit ihrem Kopf. Immer wieder stößt sie ihn in die schon mit Pollen gefüllte Zelle. Nicht, ohne vorher ihre Drüsensekrete beigemengt zu haben. Diese Zugabe leitet einen Fermentierungsprozess ein. Dadurch werden schädliche Bakterien zerstört. Menschen nutzen diesen Prozess. Sie machen auf diese Art Lebensmittel mit Milchsäure seit etwa 3.000 Jahren haltbar, wie Funde aus der ägyptischen Hochkultur belegen. Bienen praktizieren die Fermentierung schon ein wenig länger. 45 Millionen Jahre bereits.

Durch die Enzyme der Sammlerin und etwas Honig wird der Pollen vergoren. Imker nennen das daraus entstehende Produkt Bienenbrot. Der Effekt ist überzeugend: Die Bienen können Teile ihrer Verdauung gewissermaßen outsourcen und brauchen weder einen Magen noch einen ausdifferenzierten Darm. Keinen Magen? Nein, der sogenannte Honigmagen dient nicht der Verdauung, sondern erfüllt die Funktion einer Vorratsblase, in der die Bienen nicht nur Nektar, sondern auch Wasser und den aus zuckerreichen Ausscheidungen von Läusen und Zikaden stammenden Honigtau transportieren können. Der Nektar kann auf zweierlei Weise verbraucht werden. Im Normalfall stellt ihn die Biene dem Volk zur Verfügung, weswegen die Blase auch als sozialer Magen bezeichnet wird. Braucht sie allerdings selbst Energie, um weiter sammeln zu können, öffnet sie einfach ein Ventil und der Nektar fließt in ihren Mitteldarm.

Das Bienenbrot ist für das Volk der einzige Eiweiß- und Fettlieferant, da Bienen keine tierische Nahrung zu sich nehmen. Eine erstaunliche Tatsache, da sie stammesgeschichtlich von allesfressenden Wespen abstammen. Den Schritt vom Raubtier zur Vegetarierin ging die Honigbiene natürlich nicht aus Vernunftgründen, sondern sie besetzte damit eine evolutionäre Nische. Gleichwohl erscheint ihr Wirken in der Natur vor dem heutigen Problemhorizont vorbildlich. Die Honigbienen ernähren sich, ohne die Lebensgrundlage anderer Arten zu gefährden. Im Gegenteil, sie erhalten sogar die Kreisläufe der auf Bestäubung angewiesenen Pflanzen. Ihre Küsse verwandeln die Welt, regen Stoffwechselprozesse an, befruchten Blüten, produzieren Honig und Bienenbrot.

> Die Verwandlung von Nektar zu Honig und von Pollen zu Bienenbrot sind aus dem Körper der Biene ausgelagerte Stoffwechselprozesse.

Während die Sammelbiene den Pollen in einer Zelle verdichtet, beschäftigen sich ihre Schwestern auf derselben Wabe mit dem eingetragenen Nektar. Nachdem die Stockbiene ihn am Flugloch in Empfang genommen hat, wird er mehrmals weitergegeben: durch Küsse – das scheint ansteckend zu sein. Dabei werden dem süßen Saft verschiedene Sekrete zugesetzt. Enzyme, Säuren und Eiweiße aus den Drüsen der Bienen spalten die Zuckerstrukturen auf und machen aus dem Nektar ein hochwertiges, haltbares Nahrungsmittel. Damit der Honig nicht gärt, dicken ihn die Bienen ein. Wieder wird geküsst. Jeder Tropfen Honig wird unzählige Male mit der Zunge in den Rüssel bewegt und wieder herausgelassen. So reduzieren sie den Wassergehalt. Ein Übriges tut die Verteilung auf einzelne Wabenzellen, die eine möglichst große Verdunstungsfläche schafft. Die Stockbienen unterstützen diesen Prozess, indem sie mit ihren Flügeln kräftig Wind machen. Ist der Wassergehalt schließlich von 75 auf 20 Prozent gesunken, werden die Wabenzellen verschlossen, sobald sie vollständig gefüllt sind. Ein Deckel aus Wachs kommt drauf. Der Honig ist fertig.

Die Rede vom Gold der Bienen hat hier ihren guten Sinn. Denn der Honig wird so lange umgearbeitet, bis er gleichsam unbegrenzt haltbar und somit wertstabil ist. In den Pyramiden fand man Honig als Grabbeigabe für die verblichenen Pharaonen, der – 5.000 Jahre nachdem man ihn den einstigen Herrschern mit auf ihre letzte Reise gegeben hatte – durch Pollenanalyse noch gut bestimmbar war.

Vielleicht trügt der Schein in den Supermärkten, aber die Bienen stellen ihren Honig nicht für den Menschen her. Auch nicht für Bären oder Hornissen, die gern einen Stock ausräubern. Er ist einzig für die Selbstversorgung des Volkes gedacht. Die Überschüsse sollen in schlechten Zeiten sein Überleben ermöglichen. Doch die Honigproduktion ist nur eine von vielen Aufgaben im Stock. Es gibt noch so einiges andere zu tun: putzen, die Brut und die Königin versorgen, heizen, kühlen, füttern, den Stockeingang bewachen, Wachs herstellen, Waben bauen. Auch außerhalb des Stocks wartet viel Arbeit: Nektar, Honigtau, Pollen und Wasser sammeln, neue Blütenfelder und gegebenenfalls eine andere Behausung auskundschaften.

Das alles leisten die Arbeiterinnen. Sie machen nahezu 90 Prozent des Volkes aus. Mit ihnen zusammen leben im Sommer noch wenige Tausend Drohnen und die Königin im Stock. Sie könnten kaum gegensätzlicher sein. Nicht nur vom Geschlecht, sondern auch von ihrer Vitalität und (Sinnes-)Begabung her.

Der Drohn ist unglaublich empfindlich und betreuungsbedürftig. Er lässt sich küssen und muss sein ganzes Leben lang gefüttert werden. Obwohl er mit seinen 15 bis 17 Millimeter Länge etwas größer ist als die Arbeiterinnen, kann er keine Verteidigungsaufgaben übernehmen, da er keinen Stachel hat. Ohne die Fürsorge der weiblichen Bienen kann er nicht lange überleben. Schon nach 20 Minuten würde er schlapp werden, zumal wenn es kühl ist, denn er kann nicht einmal seinen Wärmehaushalt regulieren. Die Arbeiterinnen kümmern sich um ihn, versorgen ihn mit allem, was er braucht, um sich wohlzufühlen. So wird er doppelt so schwer wie die Bienen, die sich seiner annehmen. Arbeiten muss er nicht. Er ruht sich den lieben langen Tag aus, schläft und unternimmt hin und wieder einen Ausflug, der ihn zu seinesgleichen am Drohnensammelplatz führt.

> Die Bienenkönigin und der Drohn könnten gegensätzlicher kaum sein. Sowohl vom Geschlecht als auch von ihrer Vitalität und (Sinnes-)Begabung her.

Auch ist er das einzige Bienenwesen, das in anderen Stöcken willkommen ist. Während Arbeiterinnen, die dem Volk fremd sind, abgewehrt werden, erhält der Drohn dort Zutritt und Nahrung. So wenig vital er auch sein mag, besitzt er doch ein ganz besonderes Vermögen. Die Zeugungskraft? Ja, die auch, obwohl er selbst aus einer unbefruchteten Eizelle der Königin entstanden ist. Aber als besonders beeindruckend stellt sich sein Wahrnehmungspotenzial dar. Die Augen des Drohns sind fast so groß wie die der Arbeiterinnen und der Königin zusammen. Sie spannen sich über den ganzen Kopf des Bienenmännchens, sodass er mit einem Blick das gesamte Himmelsgewölbe und die Landschaft um sich herum überschauen kann. Er sieht alles, was sich ereignet. Auch seine Fühler sind stärker ausgeprägt als die der Arbeiterinnen. Sie sind voll bepackt mit Zellen fürs Riechen, Tasten und Schmecken. Wollte man eine für die menschliche Lebensart reservierte Formulierung gebrauchen, so ist der Drohn der Hedonist im Stock. Komisch eigentlich, dass er selbst nicht küsst. Das scheint das

Privileg der Arbeiterinnen zu sein, die ihn küssend füttern. Er nimmt nur, was die Bienen ihm vorkauen.

Während der Drohn hochgradig sinnesbegabt, dafür aber wenig vital ist, verhält es sich bei der Königin genau andersherum. Sie steht voll im Stoffwechsel. Vom Gewicht her mit dem Drohn vergleichbar, erreicht sie mit ihrem eiergefüllten Hinterleib fast die doppelte Körperlänge der Arbeiterinnen und lebt 50-mal so lang – bis zu fünf Jahre. In dieser Zeit ist sie unablässig produktiv. Vom Frühling bis in den Herbst hinein legt sie die unglaubliche Anzahl von bis zu 2.000 Eiern. Pro Tag! Trotzdem wirkt sie nicht gehetzt. In aller Seelenruhe läuft sie in konzentrischen Kreisen über die Wabe, hin und wieder bleibt sie stehen, steckt ihren Kopf in eine Zelle, um sich zu vergewissern, ob diese den hohen Sauberkeitsstandards entspricht. Zunächst überzeugt sie sich davon, dass die Putzbienen gute Arbeit geleistet haben und sich genug vom Allheilmittel Propolis in der Zelle befindet. Dies ist eine Substanz, die die Bienen selbst aus Harz von Knospen herstellen. Sie tötet Pilze und Bakterien, sodass die Brutzelle hygienisch und gut vorbereitet für die junge Brut ist.

Ist sie mit dem Zustand der Zelle zufrieden, dreht sie sich um und senkt ihren Hinterleib in die Öffnung. Dann stiftet sie. Dieser Ausdruck macht Sinn, da das Ei in seiner länglichen Gestalt ein wenig an einen Stift erinnert. Nachdem die Königin es an die Spitze des sechseckig-pyramidalen Zellbodens geheftet hat, schreitet sie weiter. Umgeben von etwa zwölf jungen Arbeiterinnen, die sie unablässig mit Gelée royale versorgen. Allein dieser Wundersaft macht den Unterschied. Denn das Ei, aus dem eine Königin schlüpft, unterscheidet sich in nichts von dem einer Arbeiterin. Nur dieses spezielle Futter lässt aus dem einen eine langlebige Königin und aus dem anderen ein sprichwörtlich fleißiges Bienchen werden, dessen Tage gezählt sind. Merkwürdig ist dabei, dass ausgerechnet die kurzlebigen Arbeiterinnen das Gelée royale mit ihren Drüsen erzeugen. Die Jungbienen, die den Hofstaat der Königin bilden, produzieren das Superfood in ihren Kieferdrüsen. Es enthält eine perfekt abgestimmte Mischung aus Kohlenhydraten, essenziellen Amino- und Fettsäuren, Enzymen, Vitaminen, Hormonen und hilfreichen Spurenelementen. Mithilfe des Gelée royale kann die Königin die Produktion in ihren 170 Ovarien hochhalten.

Die Königin trägt ihren Titel zu Unrecht. Sie ist nicht die Machtzentrale des Volkes, bei der alle Informationen zusammenlaufen. Im Gegenteil. Die Königin ist das Tier im Stock, das vielleicht am wenigsten über die ablaufenden Vorgänge weiß. Ihre wesentliche Aufgabe und Kompetenz liegt in der Sicherstellung der Reproduktion des Bienenvolkes. In einfachen Worten: Eierlegen. Die Königin entscheidet weder über ihren Amtsantritt noch über das Ende ihrer Karriere. Auch ihr Genpool ist in keiner Weise besonders. Er unterscheidet sich nicht von dem der Arbeiterinnen des Volks. Nicht eine blaublütige Erblinie, sondern nur Gelée royale macht sie zur Königin. Und doch ist sie mehr als eine besondere, Eier produzierende Biene.

> Die wesentliche Aufgabe der Königin ist das Eierlegen. Über die im Volk ablaufenden Vorgänge weiß sie wenig. Aber sie stiftet mit ihrem Duft den Zusammenhalt des Ganzen.

Sie ist nämlich dufte! Durch ihren Geruch gibt sie dem Volk so etwas wie eine Identität. Wo immer sie sich aufhält, wohin sie ihren Fuß setzt, sondert sie Pheromone, Duftstoffe mit hormoneller Wirkung, ab. Es duftet in spezifischer Weise nach ihr. So bewirkt sie den Zusammenhalt des ganzen Stocks. Sobald weniger von ihrem Pheromon in Umlauf kommt, werden bei einigen Arbeiterinnen die Eierstöcke aktiv. Dann entsteht Unruhe im Volk, da diese Entwicklung als Indiz dafür gilt, dass die alte Königin zu schwach geworden ist. Diese Signale veranlassen die Baubienen schließlich, Zellen für neue Königinnenbrut anzulegen. Das bedeutet den Anfang vom Ende der alten Königin.

Die Königin allein wegen ihrer hormonellen Macht als Herrscherin anzusehen, greift jedoch zu kurz. Von einer Monarchin würde man erwarten, dass sie über die Vorgänge im Reich unterrichtet ist, sich über die Vorratshaltung sowie den Zustand ihrer Untergebenen informieren lässt und sich als oberste Kriegsherrin versteht. All dies aber ist bei der Bienenkönigin nicht der Fall.

So wie die Drohnen sinnesbegabt, aber wenig vital sind, ist die Königin hochvital, dabei aber nicht sonderlich sinnesmächtig. Das hängt eng mit den zu leistenden Aufgaben zusammen. Der Drohn braucht seine geschärften Sinne, um beim Hochzeitsflug so rasch wie möglich das Objekt seiner Begierde zu finden, während die Königin einfach nur eine Runde fliegen muss. Andererseits befähigt ihr enormer Stoffwechsel sie, ein Ei nach dem anderen zu legen, während dem Drohn im Alltag des Stocklebens nichts, aber auch wirklich gar nichts abverlangt wird.

In der Mitte zwischen beiden Polen stehen die Arbeiterinnen. Mit ihrer Vitalität schaffen sie die Nahrungsgrundlage des Volkes und leisten durch ihre hohe Wahrnehmungsfähigkeit sämtliche Regulationsvorgänge im Zusammenleben von bis zu 40.000 Bienenwesen. Sogar die Fortpflanzung könnten sie übernehmen – schließlich sind die Arbeiterinnen ja Weibchen. Doch sie verzichten auf eigene Nachkommenschaft und arbeiten stattdessen hart in den wenigen Wochen ihres Lebens. Für den Fortbestand des Volkes. Als Wächterbienen und Sammlerinnen setzen sie ihr Leben aufs Spiel für Generationen, die sie niemals kennenlernen werden. Dabei geben sie nicht einmal ihre eigenen Gene weiter. Den amerikanischen Soziobiologen und Ameisenexperten Ed Wilson regte die Selbstlosigkeit sozialer Insekten daher einmal zu einem Aperçu an. Demnach hätte Karl Marx mit seiner Idee, dass ein Gemeinwesen möglich sei, in dem der Einzelne auf seine Eigeninteressen verzichtet, schon recht gehabt. Allerdings habe er bei der falschen Art gesucht. Nicht bei den Menschen, sondern bei den sozialen Insekten wäre er fündig geworden, so Ed Wilson.

Woher kommt dieser Altruismus, da doch, nach der These des britischen Evolutionsbiologen Richard Dawkins, im Tierreich ansonsten der „Egoismus der Gene" regiert? Ihm zufolge sind es nicht die Organismen, die in der Evolution um ihr Fortbestehen kämpfen, sondern die Gene. Alle Körper wären damit so etwas wie bunter Zierrat im Kampf der Gene um ihr Überleben. Wenn dem so ist, stellt sich die Frage umso dringlicher, wie dieser Egoismus der Gene mit dem Altruismus der Bienen zu vereinbaren ist.

Einen Teil der Antwort liefert die nach dem britischen Biologen William Hamilton benannte Verwandtenselektionsregel. Angenommen, die Königin paart sich nur mit einem Drohn, dann wären alle Bienen des Stocks Vollschwestern. Damit hätten sie einen Verwandtschaftsgrad von jeweils 50 Prozent gegenüber ihren Erzeugern. Untereinander aber wären sie zu 75 Prozent verwandt, da der befruchtende Drohn aus einer unbefruchteten Eizelle entstanden ist und alle seine Gene an jeden Nachkommen in gleicher Weise weitergibt. Daraus resultiert folgender überraschende Befund: Wenn sich die Schwestern untereinander beim Leben und Überleben helfen, werden ihre

> Warum verhalten sich die Arbeiterinnen selbstlos, verzichten auf eigene Fortpflanzung und ziehen stattdessen die Nachkommen der Königin auf?

eigenen Gene mit einer höheren Wahrscheinlichkeit in die nächste Generation kommen, als wenn sie sich selbst fortpflanzen würden. Anderenfalls kämen sonst nach der Paarung wiederum nur 50 Prozent ihrer Gene in die nächste Generation.

Wenn die Königin allerdings – wie es die Regel ist – von mehreren Drohnen befruchtet wird, verwässert sich das Verwandtschaftsverhältnis. Bienen mit demselben Vater sind dann zwar untereinander immer noch zu 75 Prozent verwandt, aber gegenüber ihren Halbschwestern, die andere Väter haben, nur noch zu 25 Prozent. Wenn sich nun im Stock nur die Vollschwestern solidarisch zeigten, während sie den Halbschwestern skeptisch begegnen und den Kuss verweigern würden, wäre das Volk als Ganzes nicht überlebensfähig. Jede Form sektiererischen Verhaltens brächte die fein abgestimmte soziale Ordnung im Stock sofort ins Wanken. Der Überlebensvorteil, den die Honigbienen gegenüber solitären Arten haben, wäre verspielt.

Damit es nicht so weit kommt, existiert ein zweites Phänomen, das den Altruismus im Bienenvolk sicherstellt. Die Königin bringt die Arbeiterinnen mit einem speziellen Satz von Pheromonen dazu, sich um sie und ihre Nachkommen zu kümmern. Ihre Duftstoffe greifen in den Hormonkreislauf ein und verhindern bei den Arbeiterinnen die Ausbildung von Eierstöcken, sodass die Königin das einzige geschlechtsreife Tier im Stock ist und bleibt. Zudem bewirkt eine Komponente ihres Pheromons, dass die Jungbienen nicht vor der Zeit die Pflege der Königin aufgeben. Mithilfe der Pheromone erreicht sie den Fortpflanzungsverzicht der anderen Bienen sowie ihre eigene exklusive Versorgung. Insofern erlangt der Superorganismus des Bienenvolks seinen enormen Evolutionsvorteil letztlich dadurch, dass die Königin selbst nicht der Selektion ausgesetzt ist. Die Auslese bei den sozialen, staatenbildenden Bienen setzt nicht auf der individuellen Ebene, sondern auf jener des gesamten Volkes an.

Der Altruismus der Arbeiterinnen erscheint nur bei oberflächlicher Betrachtung als solcher. Denn jede Form der Selbstlosigkeit setzt Freiwilligkeit voraus. Ein erzwungener Altruismus ist ein Selbstwiderspruch. Die Arbeiterinnen verzichten nicht aus freien Stücken oder aus Kenntnis der Hamilton-Regel auf die eigene Fortpflanzung und nehmen sich stattdessen ihrer Schwestern und der Königin an. Der Grund dafür sind die Duftstoffe der Königin. So gesehen ist Pheromon im Bienenstaat die Droge für Karoshi, wie die japanische Wendung für den „Tod durch Überarbeitung" lautet.

Das gesamte soziale Leben der Honigbienen spielt sich auf der Wabe und in den sogenannten Wabengassen ab. Die Waben wachsen senkrecht von oben herunter, wie ein Knochenskelett, das dem Ganzen den Halt gibt. Sie sind aus Wachs und entstehen auf faszinierende Weise. Hier legt die Königin ihre Eier, hier kümmern sich die Ammenbienen um die Brut, hier werden Honig und Pollen produziert und hier tanzen die Bienen. Bienen zeigen eine hochgradige Autonomie, denn sie benötigen zum Nestbau keinerlei Fremdmaterialien wie andere Tiere oder wir Menschen. Sie erzeugen den Baustoff selbst. Die Wabe kommt gleichsam aus dem Bauch der Biene.

In die Zellen der Wabe legt die Königin ihre Eier, hier kümmern sich die Ammenbienen um die Brut, hier werden Honig und Pollen gelagert und hier tanzen die Bienen.

Die Arbeiterinnen küssen nicht nur, sie schwitzen auch – und zwar Wachs. Dazu haben sie am Hinterleib acht spezielle Drüsen. Paarig. Jeweils vier auf einer Seite. Diese Drüsen werden ihrerseits vom Fettkörper gespeist, der sich unterhalb der Rücken- und Bauchplatten der Biene befindet und der jene langkettigen Fettsäuren liefert, aus denen das Wachs besteht. Das Ausschwitzen des Baustoffs ist ein wahrer Kraftakt. Die Arbeiterinnen, die zwischen ihrem 14. und 21. Lebenstag damit beschäftigt sind, feuern ihren Fettstoffwechsel enorm an. Dafür brauchen sie viel Zucker. Für die Produktion von einem Kilogramm Wachs wird die Energie benötigt, die sonst für bis zu zehn Kilogramm Honig aufgewendet werden muss. Einen vagen Eindruck der Leistung gibt eine weitere Zahl: Um zehn Kilogramm Honig einzutragen, müsste eine Biene 80-mal den Äquator umrunden.

Die Arbeiterinnen erzeugen mit ihren Drüsen Wachströpfchen, die, sobald sie mit Luft in Berührung kommen, zu etwa haarschuppengroßen Plättchen erstarren. Mit den Hinterbeinen streifen sie das Rohwachs ab, vermengen es mit Sekreten und kauen es durch, bis es elastisch wird. Für eine kleine Bienenwachskerze müssen die Arbeiterinnen etwa 60.000 solcher Plättchen ausschwitzen und weiterverarbeiten. Doch so wenig wie sie den Honig als Leckerei für den Menschen herstellen, so wenig produzieren sie Wachs, damit uns ein Licht aufgeht. Sie verwenden das Wachs einzig für den Bau der Waben, was unter den Gesichtspunkten Geschick, Ästhetik und Kooperation wiederum eine besondere Leistung darstellt.

Die Baubienen formen aus dem Wachs, das ihre Schwestern vorgearbeitet haben, neue Wände. Als Schablone dient ihnen dabei die Form ihres eigenen Körpers, sodass die Waben erst einmal eine rundliche Struktur ohne Ecken und Kanten aufweisen. Sobald neue Zellen im Rohbau fertig sind, schlüpfen sogenannte Heizerbienen hinein. Diese Berufsgruppe hat sicher den anstrengendsten Job im ganzen Bienenstock. Sie hängen ihre Flügel aus und betätigen dann ihre Brustmuskulatur. Unermüdlich, als würden sie im Höchsttempo zu einer besonders trächtigen Futterstelle düsen. In den Heizphasen verbrauchen sie so viel Energie, dass sie nach spätestens 30 Minuten komplett unterzuckert und erschöpft sind. Sobald sie nicht mehr können, eilt eine andere Arbeiterin herbei, und dann wird wieder geküsst. Die Rüssel verschlingen sich und die Tankstellenbiene spendet aus ihrem gut gefüllten Honigmagen neue Lebensenergie. Die Heizerbiene nimmt die Nahrung zu sich, um sofort wieder ihre Brustmuskeln zu kontrahieren und weiter Wärme zu erzeugen. Sie erhitzt die noch runden Wabenzellen auf etwa 40 Grad Celsius. Bei dieser Temperatur wird das Wachs geschmeidig, sodass es zu einem Kräfteausgleich kommen kann. Die innerhalb der Wabe herrschende mechanische Spannung zieht die Zellen in die Länge. Die Wände werden glatt und stoßen in einem Winkel von genau 120 Grad aufeinander. So entsteht die sechseckige Struktur der Waben, die den Mathematiker Johannes Kepler Anfang des 17. Jahrhunderts dazu verleitete, den Bienen einen mathematischen Verstand anzudichten.

Tatsächlich sind die Waben von faszinierender Regelmäßigkeit. Die Wände einer neu angelegten Zelle sind durchsichtig, denn sie haben lediglich eine Dicke von 0,07 Millimetern. Dieses Maß variiert über alle Zellen einer Wabe um nicht mehr als einen einzigen Mikrometer, also den millionsten Teil eines Meters. Kein Wunder, dass erwogen wurde, die Wabenzelle zur Grundeinheit der Längenmessung zu erklären. Schließlich setzte sich Ende des 18. Jahrhunderts dann aber doch der Meter durch. Anderenfalls würden wir heute die Geschwindigkeit vielleicht in Kilowaben pro Stunde angeben.

> Die Wabenzellen sind derart regelmäßig gebaut, dass man überlegte, sie zur Grundeinheit der Längenmessung zu erklären.

Durch ihre Struktur verstärken sich die einzelnen Zellen untereinander, denn jedes Sechseck ist von sechs weiteren Zellen umgeben. Diese Art des Bauens erzeugt ein Höchstmaß an Stabilität, sodass die Bienen mit geringstmöglichem Materialaufwand auskommen. Das ist ein wichtiger Punkt. Da das Wachs mühevoll ausgeschwitzt werden muss, verbietet sich jede Form der Verschwendung. So gesehen ist der Wabenbau ein Paradebeispiel für Nachhaltigkeit. Nicht nur die Form folgt hier der Funktion, sondern auch die Bedürfnisse den Möglichkeiten. Die Grenzen des Wachstums sind bei der Bauausführung oberstes Gebot. Jegliche Protzerei würde das Bienenvolk bitter bezahlen. Mit seinem Ende nämlich.

Um ihre Waben zu bauen, brauchen die Bienen keine hölzernen Rahmen. Die kamen erst in der Mitte des 19. Jahrhunderts auf. Der deutsche Jurist August Freiherr von Berlepsch gab mit seiner Erfindung den Startschuss für die kommerzielle Nutzung der Bienen. Nun konnte ihnen ein künstliches Nest angeboten werden, wofür sich die Bezeichnung

Beute eingebürgert hat. Der Schreiner Johannes Mehring entwickelte eine Wachsplatte mit Zellmuster, die sogenannte Mittelwand, die alsbald in die Rähmchen eingefügt wurde. Damit war die künstliche Wabe perfekt. Es genügte, die beweglichen Rähmchen neben- und übereinanderzuschichten. Den Rest leisteten die Bienen selbst, indem sie ihre sechseckigen Zellen bauten. Nun konnten die Waben vom Imker jeweils einzeln herausgezogen werden. So war es ihm möglich, den Zustand des Volkes einzuschätzen und den Honig zu schleudern. Die Waben blieben dabei unbeschadet, sodass die Bienen rasch weiterarbeiten konnten. Eine praktische Angelegenheit, die das Tor zur modernen Bienenkunde ebenso wie zur industriellen Honigproduktion aufstieß.

Bienen können ihre Waben an allen geeigneten Orten bauen. Oder anders gesagt: Bienen können gar nicht anders, als Waben zu bauen, wo immer es aufgrund der räumlichen Bedingungen möglich ist. Jenseits der künstlich angelegten Beuten nisten Bienenvölker in Felsspalten, in Rollladenkästen, in hohlen Baumstämmen, kurz überall, wo ein Raum mit einem Volumen ab 30 Litern Schutz vor Wind und Wetter bietet. Nur unter solch natürlichen Bedingungen, im freien Wabenbau ohne Rähmchen, zeigt sich das Volk als ein Korpus. Während das Bienennest in der künstlichen Beute in standardisierte rechteckige Platten zerschnitten ist, sieht man hier ein kraftvolles Ganzes, das sich, von oben herunterwachsend, den Raum erobert. Um die Waben herum, die sich geschmeidig in den gegebenen Platz einfügen, leben die Bienen in vermeintlich chaotischem Gewusel, das sich bei genauerer Betrachtung als eine geradezu betörende Ordnung entpuppt. Jede Einzelne der vieltausend Bienen weiß genau, was sie zu tun hat und wohin sie gerade muss. Das mag umso mehr überraschen, wenn man sich vergegenwärtigt, dass es im Bienenstock – ganz ohne Wortspiel – stockdunkel ist. Tatsächlich verbringen sogar die Sommerbienen etwa drei Wochen –

> Das Bienenvolk zeigt sich in natürlicher Umgebung als ein kraftvolles, dynamisches Ganzes mit einer betörenden Ordnung.

abgesehen vom Abkoten und ersten Orientierungsflügen – weitgehend in Dunkelheit. Erst mit dem Höhepunkt und Abschluss ihrer Karriere als Stockbiene erblicken sie – zunächst als Wächterbiene und dann als Sammlerin – zum ersten Mal regelmäßig die Sonne. Bis dahin schieben sie sich in den neun Millimeter breiten Wabengassen aneinander vorbei und orientieren sich am Duft.

Unten im Stock sind die Brutzellen. Im oberen Bereich finden sich, wie eine Glocke über der Brut, die Honigvorräte. Zwischen Honig und Brutnest, und an dessen Seiten, leuchten die Zellen mit Pollen in bunten Farben. Und überall krabbeln Bienen herum. Sie produzieren Honig sowie Bienenbrot, wärmen die Brut und füttern die Bienenlarven.

Drei Tage nach dem Stiften schlüpft aus dem Ei eine winzig kleine Larve. In den ersten drei Tagen ihrer Entwicklung bekommt auch die Larve, aus der eine Arbeiterin werden soll, Gelée royale aus den Futtersaftdrüsen der Ammenbienen. Danach wird auf Blütenstaub und Honig umgestellt. Nach einer vollständigen Metamorphose innerhalb von 21 Tagen nagt sich die neue Biene durch das Wachs und schlüpft. Obwohl größer und kräftiger als die Arbeiterinnen, braucht eine Königin lediglich 16 Tage, um in der Brutzelle heranzureifen. Das liegt allein am Futtersaft. Der Drohn dagegen schlüpft erst nach 24 Tagen. Sobald Zellen frei werden, stiftet die Königin darin neue Eier. Das Brutnest erneuert sich in einem pulsierenden organischen Zyklus in 21 Tagen. Der Bereich auf der Wabe, auf dem sich die Brut entwickelt, befindet sich in der Nähe des Flugloches. Im Laufe des Frühjahres wachsen das Wabenwerk und damit die Zellflächen für Brut, Pollen und auch Honig. Schon gegen Ende Juni geht der Umfang des Brutnestes zurück und die geschlüpften Brutzellen werden nach und nach für den Winter mit Honig gefüllt.

Angesichts ihrer hochgradigen Vitalität und unentwegten, komplexen Zusammenarbeit fällt es schwer zu glauben, dass Bienen Zeit zum

Schlafen haben. Aber sie tun es. Im dunklen Stock, weswegen man sie selten schlummernd sieht. Tatsächlich spielt der Schlaf bei Bienen eine ebenso wichtige Rolle wie bei uns Menschen. Hindert man sie am Schlafen, sind sie weniger leistungsfähig und können sich schlechter an Orte und Flugrouten erinnern, die sie am Vortag erlernt haben. Die so legendär fleißigen Bienen schlafen nachts und legen auch tagsüber ein kurzes Nickerchen ein. Vorzugsweise um die Mittagszeit. Diese Art der Bienen-Siesta genehmigen sich vor allem Sammlerinnen des Öfteren, wenn sie der Blütenstand gerade nicht sonderlich fordert. Die Ammenbienen schlafen unter dem Strich genauso viel wie die älteren Sammlerinnen, aber sie verteilen ihren Schlaf gleichmäßig auf den Tag und die Nacht. Eine sinnvolle Maßnahme, da die Larven auch in der Nacht gefüttert werden müssen.

Für Bienen spielt der Schlaf eine ebenso wichtige Rolle wie für uns Menschen. Vielleicht träumen sie sogar.

Wenn Bienen schlafen, liegt ihr Körper entspannt auf der Seite und ihre Fühler hängen schlaff herab. Plötzlich aber zucken ihre Antennen – so werden die beiden Fühler am Kopf genannt – mehrmals hintereinander, ohne dass die Bienen aufwachen. Der Neurobiologe Randolf Menzel, der diese Vorgänge in einem eigens eingerichteten Bienen-Schlaflabor untersuchte, nannte diese Phase analog zum menschlichen Rapid Eye Movement (REM) Rapid Antenna Movement (RAM). In der REM-Phase träumen wir Menschen. Insofern ist es durchaus möglich, dass auch Bienen träumen, wenn sie im RAM-Schlaf sind. Und wovon träumen sie? Vielleicht vom Küssen.

WIE BIENEN TICKEN

WIE BIENEN TICKEN

Ist etwas faul im Staat der Bienen? In den Wabenzellen unter der Honigglocke sitzen keine Larven mehr. Statt ihrer sind ausgewachsene Bienen in die leeren Zellen des ehemaligen Brutnestes hineingeschlüpft. Andere drängen sich in den zentralen Wabengassen zusammen, koppeln ihre Flügel von den Flugmuskeln ab und heizen mit Muskelzittern. Die Königin in ihrer Mitte legt keine Eier mehr. Nur noch wenige Waben werden von Bienen bevölkert. Sie drängen sich zu einer Traube von etwa 10.000 Tieren zusammen. Die äußeren Bienen verschränken ihre auseinandergefalteten Flügel ineinander. Wie Biberschwänze auf einem Dach. Genauso dicht ist auch diese organische Außenhaut des Volkes. Direkt im Stock, nur eine Handbreit von der Traube entfernt, wächst ein Eiszapfen aus Kondenswasser.

Es ist nichts faul – es ist Winter. Vielleicht Mitte Januar. Draußen liegt Schnee. Auch auf dem Bienenstock. Trotzdem herrscht im Kern des Volkes eine für Bienen wohlige Wärme. Selbst ganz außen im Stock schaffen es die Hautbienen, zehn Grad zu halten – auch wenn es draußen minus 20 Grad kalt ist. Sie wechseln sich ab. In regelmäßigen Abständen krabbeln die Tiere vom äußersten Rand der Traube weiter nach innen, um sich wieder aufzuwärmen. Die Wintertraube hält ihre Innentemperatur auf etwa 18 Grad. Nur die Hälfte der ansonsten üblichen 35 Grad, dennoch warm genug für die Winterbienen und ihre

Königin. Die Brut würde bei diesen Temperaturen nicht überleben. Aber es gibt ja derzeit keine Larven, sodass Heizenergie gespart werden kann. Das ist auch notwendig, denn sie muss aus den Honigvorräten erzeugt werden. Und die sind endlich. Das Volk darf nur so viel verbrauchen, wie es bis zum Herbst angelegt hat. Bienen können keine Ressourcen anzapfen, die sie nicht selbst vorher erarbeitet haben. Würde man einen Erderschöpfungstag für Bienen errechnen, wäre ihre Bilanz in blütenreicher Landschaft immer positiv, da sie ihren Energiespeicher Honig reichlich mit Reserve füllen. Schließlich kann ein Winter lang und hart werden. Geht der Honig zur Neige, bevor das Frühjahr kommt, stirbt das ganze Volk.

Wie überlebt das Bienenvolk den Winter, wenn doch die Arbeiterinnen nur ein Alter von vier bis sechs Wochen erreichen und die Königin keine neue Brut anlegt?

Doch müsste das Bienenvolk nicht ohnehin schon früher sterben? Unabhängig von den Honigvorräten und der Temperatur? Sollte man nicht erwarten, dass sich nach spätestens sechs Wochen Winter kaum noch eine lebende Arbeiterin im Stock befindet? Ist nicht ihr Lebensalter von der Natur auf vier bis sechs Wochen angelegt? Dieses Rätsel führt mitten hinein in die denkwürdige Plastizität der zeitlichen Rhythmen im Leben und Arbeiten der Bienen, die wohl einmalig im gesamten Tierreich ist.

Die Spezialisierung im Stock ermöglicht eine hochgradige Arbeitsteilung. Aber weder die Ammenbiene, die sich um die Brut kümmert, noch die Putz-, die Heizer-, die Wachs- oder die Wächterbiene und ebenso wenig die Sammlerin kommen als solche zur Welt. Weibliche Bienen sind von dem Moment an, in dem sie sich durch den Deckel ihrer Brutzelle geknabbert haben, Arbeiterinnen. Sie durchlaufen verschiedene Entwicklungsstadien, die sie jeweils für bestimmte Tätigkeiten qualifizieren. Im Bienenstock regiert nicht das Spezialistentum, sondern lebenslanges Lernen.

Die ersten drei Tage ihres Lebens putzt und heizt die Arbeiterin. Am vierten Tag füttert sie die Larven. Vom fünften Tag an produzieren ihre Kieferdrüsen den königlichen Futtersaft. Mit Gelée royale versorgt sie die Königin und die Larven der Arbeiterin, letztere aber nur in deren ersten Tagen. Dann betritt die junge Arbeiterin den inneren Kreis der Vorratsproduktion, wo ausgiebig geküsst wird, wenn den Sammlerinnen der Nektar abgenommen und an andere Stockbienen weitergereicht wird. Dabei wird er mit Enzymen aus ihren Speicheldrüsen angereichert, die Zucker umwandeln und Bakterien abtöten. Die Bienen lassen sich den Honig gewissermaßen auf der Zunge zergehen – eine der Methoden, um Wasser aus dem Nektar zu verdunsten, bis schließlich reifer Honig daraus wird. Vier Tage lang ist sie damit beschäftigt, dann folgt ihr Leben als Baubiene. Vom 14. bis zum 18. Tag schwitzt sie Wachs aus und fertigt daraus neue Waben. Danach wird es gefährlich. Zuerst übernimmt sie die Funktion der Wächterbiene. Ihre Giftblase ist nun voll ausgebildet und der Stachel einsatzbereit. Hat sie diesen wehrhaften Lebensabschnitt überstanden, ist sie bestens auf den abenteuerlichsten Teil ihres Lebens vorbereitet.

Denn am 21. Tag wird sie volljährig. Ihre Aufgabe ist es jetzt, den Stock zu verlassen. Sie darf die Sonne sehen und Blüten besuchen – oder endlich auch selbst Blüten küssen. Die meisten Menschen verbinden das Bild der Bienen mit dieser Tätigkeit. Dabei verbringt die Arbeiterin über die Hälfte ihres Lebens im Dunkeln. Sie ist kein sonnenverwöhntes Wesen, sondern muss sich gleichsam Strahl um Strahl erarbeiten. Per aspera ad astra – durch den Staub zu den Sternen. Nun unternimmt sie erste Erkundungsflüge und prägt sich den Standort des Stocks und der Umgebung ein, damit sie nach Hause zurückfindet.

Auf ihren Sammelflügen, bei denen sie pro Tag über 80 Kilometer zurücklegen kann, orientiert sie sich am Sonnenstand, den sie zur Navigation mit ihrer inneren Uhr abgleicht. Dieser letzte und zugleich abenteuerlichste Abschnitt endet etwa fünf Wochen nach ihrer Geburt, wenn sie nicht bereits vorher Opfer von Fressfeinden oder Pestiziden geworden ist. Sobald ihr natürliches Ende naht, fliegt sie ein letztes Mal aus und stirbt allein in freier Natur.

Doch die Winterbienen ticken anders. Sie werden ab August geboren. Obwohl vom Genpool her identisch mit den Arbeiterinnen, verdienen sie diese Bezeichnung nicht. Denn im Winter gibt es kaum etwas zu tun im Stock. Keine Brut, weder Nektar- noch Polleneintrag, kein Wabenbau. Es geht nur darum, gemeinsam die Königin gut durch die kalte Jahreszeit zu bringen. Dafür stehen reichlich Vorräte zur Verfügung. Die Bienen schlürfen Honig, wärmen einander und faulenzen ansonsten. Einzig dieses Nichtstun dehnt ihre Lebensspanne aus. Sie altern nicht und bleiben bis in den Frühling jugendlich. Dann aber geben sie alles.

> Die Winterbienen ticken anders als die Arbeiterinnen des Sommerhalbjahrs. Sie arbeiten kaum in ihrer Jugend und werden bis zu neun Monate alt.

An warmen Tagen im Winter wird das Volk allerdings ein klein wenig rege. Die Heizerbienen machen Reinigungsflüge, um ihren prall gefüllten Darm und die Kotblase zu erleichtern. Da sie sich im Stock nicht entleeren, um keine Infektionskrankheiten auszulösen, nutzen sie jede Möglichkeit, wenn die Sonne das Thermometer auf mindestens zehn Grad klettern lässt, für einen Reinigungsflug. Dem Volk als Ganzem gelingt im Winter die Thermoregulation im Stock. Die in den Honigvorräten gespeicherte Sonnenwärme des Vorjahres wird durch heizende Bienen wieder freigesetzt. Gemeinsam schaffen sie es, dass kaum Wärme abströmt und 300 Gramm Honig ausreichen, um einen Monat zu heizen. Die damit verbundene CO_2-Emission für die Heizung des Hauses mit 10.000 Bewohnerinnen ist nicht zu unterbieten.

Das Volk macht sich weitgehend unabhängig von den in der Außenwelt herrschenden Bedingungen. Die Bienen können sogar einen dramatischen Temperatursturz überleben. Mit einer gewissen Zeitverzögerung kommt die Kälte zwar auch in der Wintertraube an, aber die Bienen ergreifen rasch geeignete Gegenmaßnahmen, um wieder ein Niveau von 18 Grad zu erreichen. Das dauert eine Weile. Die Trägheit der Thermoregulation macht sich sowohl unter- wie auch oberhalb des Sollwertes bemerkbar. So schwankt die Temperatur in der Traube den Winter über leicht. Einige Grad in die eine oder andere Richtung sind keine Seltenheit. Das stellt eine erhebliche Abweichung von der Präzision des Sommers dar, wo sich das Bienenvolk nur wenige Zehntel Grad Toleranz erlaubt, um die Brut nicht zu gefährden.

Um die Königin herum hat sich im Winter das Volk im Dunkeln des Stocks zusammengezogen. Es wird still, nicht nur in der Landschaft, sondern auch im Bienenstock. Das Volk zieht sich aus der Landschaft zurück. Es ist wie ein Innehalten zwischen Ein- und Ausatmen, wie ein Besinnen vor der Tat.

Auf die Stille folgt das Ausatmen in die erwachende Landschaft des Frühjahres hinein – Entspannung. Auch das Leben des Volkes erwacht. Es hat so lange im Dunkeln gesessen, nun kommt es wieder ans Licht. Kaum blühen Krokusse, Hasel oder Huflattich und die Sonne scheint, werden die Winterbienen aktiv, besuchen die ersten Blüten des neuen Jahres und sammeln Pollen für die Brut. Ihr Radius ist zunächst wegen der niedrigen Temperaturen sehr klein. Sie fliegen selten mehr als wenige Hundert Meter. Nach und nach erobern sie die Landschaft, um als Sammlerinnen in der Hochsaison Blütenfelder zu besuchen, die bis zu acht Kilometer entfernt sein können.

Die Kürze der Flugstrecken der Winterbienen liegt jedoch nicht an deren Faulheit. Verantwortlich dafür ist vielmehr ihr Nervensystem. Die Neuronen im Hirn der Biene schalten nur oberhalb von etwa zehn Grad. Kühlt ihre Körpertemperatur weiter ab, wird sie träge wie ein

Insekt, das sich in den Kühlschrank verirrt hat. Das Fliegen wird unmöglich und sie kommt nicht mehr zum Stock zurück. In der Kälte der nächsten Nacht erfriert sie.

Wenn die Sonne länger scheint und immer mehr wärmt, nimmt die Königin ihre Tätigkeit wieder auf. In der Nähe der Honigvorräte legt sie ihre Eier in konzentrischen Kreisen in freie Zellen – anfangs auf nur einer Wabe und klein wie eine Zweieuromünze. Im Brutnest wird die Temperatur nun wieder auf die notwendigen 35 Grad angehoben.

> Wenn es wärmer wird, legt die Königin wieder Eier. Aber wer kümmert sich um die Brut?

Doch wer versorgt die erste Brut? Es gibt zu diesem Zeitpunkt keine jungen Arbeiterinnen im Stock, die vier Tage nach ihrer Geburt die Futtersaftdrüsen entwickeln, um Larven zu füttern. Die Ammenbienen müssen erst noch aus dem neuen Brutnest schlüpfen.

Monatealte Winterbienen gewinnen ihre Jugend zurück und aktivieren ihre Futtersaftdrüsen. Um sich der Brut annehmen zu können und die Königin wieder mit Gelée royale zu füttern, verwandeln sie sich in Ammenbienen, die normalerweise nur wenige Tage alt sind.

Das biologische Phänomen der Verjüngung mag bei den Winterbienen noch nicht einmal so überraschend sein, da sie die verschiedenen Entwicklungsstationen nicht durchlaufen haben und nicht durch permanente Anstrengung gealtert sind. Doch auch die ganz normalen Arbeiterinnen besitzen diese Fähigkeit. In Notsituationen können sie auf der Bienenkarriereleiter sowohl vor- als auch zurückspringen. Gehen die Flugbienen durch eine Pestizidvergiftung zugrunde, organisiert sich das Volk neu. Die jungen Bienen gehen dann zügig auf Honigjagd, um die Brut des Volkes zu versorgen. Wenn man hingegen sämtliche Jungbienen aus einem Volk entfernt und nur die Flugbienen

belässt, füttern die alten Bienen wieder die Larven. Vielleicht scheint es nicht verwunderlich,
wenn ältere Bienen aus Erfahrung wissen, was in
den jeweils voranliegenden Lebensphasen zu tun
war. Aber sogar die Lebensdauer richten Bienen
an den Bedürfnissen ihres Volkes aus. Dazu ist
mehr als nur Erfahrung vonnöten.

> Die Bienen richten ihre Lebens-
> dauer an den Bedürfnissen ihres
> Volkes aus.

In manchen Fällen scheint ihre Lebensuhr nicht abzulaufen. Forscher
markieren einzelne Bienen zu wissenschaftlichen Zwecken, um ihre Le-
bensläufe zu verfolgen. Dafür kleben sie ihnen winzige Nummerncodes
auf den Rücken. Ab und an entdecken sie dann Tiere, die aufgrund ihrer
Kennzeichnung längst hätten tot sein müssen – wenn man der Lehr-
buchmeinung folgt. Funde von bis zu 15 Monate alten Arbeiterinnen
sind belegt.

Und auch Imker kennen die nicht enden wollende Lebensverlängerung
von Bienen, die ihre Stock- und Sammeltätigkeit schon geleistet haben,
wenn im Sommer über viele Wochen hin keine neue Brut im Volk angelegt wird. Das passiert bei Fehlbrütigkeit von Königinnen – sie legen
dann unbefruchtete Eier – oder bei ausgebliebener Begattung einer
Jungkönigin.

Die Biografie der Bienen ist nicht getaktet. Sie arbeiten nach Bedarf. So
ticken Bienen. Zuverlässig nach Fahrplan geht es im Bienenstock nur
bei der Brut zu. Genau drei Tage nach der Eiablage schlüpft aus dem
Ei eine Larve. Während sechs weiterer Tage wird sie mit Ammenmilch
und Honig so gefüttert, dass ihr Gewicht um mehr als ein 500-Faches
zunimmt. Dann, am neunten Tag, verschließen Arbeiterinnen die Brutzelle für zwölf Tage mit einem Wachsdeckel. Die Larve spinnt sich in
dieser Zeit ein, verpuppt sich und vollzieht eine vollständige Metamorphose. Genau nach Plan häutet sich der Wurm und verwandelt

sich zu einem ausdifferenzierten Insekt mit all seinen Gliedmaßen. Am 21. Tag schlüpft die Biene. Ihre erste Arbeit beginnt sie pünktlich: Sie nagt den Zelldeckel weg.

21 Tage nachdem die Königin die ersten Eier des Jahres gestiftet hat, kommen also die Arbeiterinnen zur Welt. Im Frühjahr durchlaufen sie zunächst eine ganz normale Bienenbiografie – von der Ammenbiene bis zur Sammlerin. Als solche dehnen sie, je nach Temperatur und Witterung, ihre Flüge zu den Blüten immer weiter aus. Sie durchdringen die Landschaft mit ihrem Summen und bringen Pollen und Nektar nach Hause. Das Leben im Stock nimmt an Fahrt auf. Es werden Waben gebaut, Honig und Bienenbrot eingelagert und immer neue Brut aufgezogen. Im Laufe des Mai wächst das Volk auf 30.000 und mehr Bienen an.

Im Mai bietet die Landschaft reichhaltige Nahrung. Überall stehen die Blüten im Saft und es wird bis zur Erschöpfung gesammelt. Im Stock herrscht Hochkonjunktur. Nektar und Pollen werden in Brut, frische Waben und Honigvorräte, und damit in Körpersubstanz des wachsenden Volkes, umgesetzt. Dieses Höchstmaß an Vitalität führt jedoch über kurz oder lang zu Störungen der harmonischen Ordnung des Volkes. Es entsteht Konkurrenz um die freien Zellen. Sobald eine Brutzelle frei wird, wird diese sofort von den Stockbienen mit Honig oder Pollen gefüllt. Sie kommen der Königin zuvor, die schon bald nicht mehr weiß, wo sie stiften soll. Das gut austarierte Verhältnis der verschiedenen Brutstadien zur Anzahl der Bienen gerät aus dem Gleichgewicht. Das Brutnest, so der Fachbegriff, verhonigt.

> Auf dem Höhepunkt des Bienenjahres zerfällt die Harmonie des Volkes.

Das hat zur Folge, dass die Ammenbienen ihren Futtersaft nicht loswerden. Sie leiden gewissermaßen unter einem Futtersaftstau.

Den Baubienen geht es ähnlich. Sie wollen mit ihren Drüsen Wachs ausschwitzen und Waben bauen. Aber irgendwann reicht auch der zur Verfügung stehende Raum nicht mehr und es gibt zusätzlich noch einen Wachsdrüsenstau. Ammen- und Baubienen können die Fülle an Nahrung des Frühjahres nicht verarbeiten und bauen sich in dieser Zeit ein stattliches Fett-Eiweiß-Polster auf. Auch die Flugbienen sind vital und jugendlich aufgeladen. Im Volk entsteht Unruhe, die noch zunimmt, je länger die Dysbalance anhält.

Ebenso kann auch die Königin die Abläufe im Stock irritieren. Im fortgeschrittenen Alter schwinden ihre Kräfte, was sich in der Zahl der gestifteten Eier zeigt. Aber nicht nur. Ab einem bestimmten Punkt produziert sie auch nicht mehr genügend von jenem Pheromon, das in einem harmonischen Volk die Geschlechtsreife der Arbeiterinnen verhindert. Sie sind ja weibliche Tiere mit Eierstöcken, die dann anfangen, aktiv zu werden. Ein verheerendes Zeichen, das den ganzen Stock in Gefahr bringt.

Sobald die ansonsten fein abgestimmten Regulationsvorgänge im Stock versagen, beweisen die Bienen ihre Resilienz auf andere Weise. Sie verstehen es, die Nervosität ins Positive zu verwandeln. Sie kommen in Schwarmstimmung. Die große Ausatmung des Volkes bereitet sich vor. Das Gegenteil der Konzentration in der Wintertraube. Explosiv. Kraftvoll. Geradezu eruptiv. Das Volk zieht aus.

> Sobald die ansonsten fein abgestimmten Regulationsvorgänge im Stock versagen, beweisen die Bienen ihre Resilienz, indem sie zu schwärmen beginnen.

Doch davor gibt es noch ein Spiel mit dem Feuer. Die Baubienen legen Königinnenbrutzellen an den Rändern der Waben an. Sie sind rund, nicht sechseckig, deutlich größer als die der Arbeiterinnen und werden nicht von ungefähr als Spielnäpfchen bezeichnet. Denn von nun an spielt das Volk mit der Möglichkeit einer neuen Königin. Bienen versuchen, die Königin dazu zu bewegen, ein Ei in die besonderen Zellen zu legen. Doch sie geht tunlichst daran vorüber, wohl wissend, dass es ein existenzielles Risiko für sie bedeuten würde. Irgendwann kann oder will die Königin nicht mehr anders. Sie stiftet nach und nach in mehreren Zellen. Ob aus Einsicht, Nötigung oder aus Versehen – man weiß es nicht. Von diesem Zeitpunkt an ändert sich alles. Die Uhr beginnt zu ticken. Neun Tage herrscht Ausnahmezustand. Dann ist die Brutzelle der ersten Prinzessin verdeckelt.

Die Bienen rennen wild durch die Wabengassen, der Schwarm geht ab. Tausende Arbeiterinnen stürzen wie trunken aus dem Flugloch. Ein apokalyptisches Szenario. Irgendwo in ihrer Mitte die alte Königin. Die in der Luft weit zerstreuten Bienen sammeln sich alsbald zu einer schwarzen Wolke und ziehen als Schwarm zu einem geeigneten Platz – in der Regel an einen Baum. Dort bilden sie eine Traube. Dicht beieinander wie im Winter. Aber nicht still im Dunkeln des Stocks, sondern erregt mit hohem Summen im Licht der sommerlichen Sonne.

Im Stock reifen zehn bis 20 Königinnenbrutzellen heran. Etwa eine Woche nach dem Mutterschwarm mit der alten Königin schlüpft die erste Jungkönigin. Derweil sind Tausende Bienen aus dem gewaltigen Brutnest geschlüpft. Alle Wabengassen sind wieder prall gefüllt. Jugendlich und vital bricht ein weiterer Schwarm aus dem Stock hervor, der sogenannte Nachschwarm. Während er abgeht – der Imker sagt dazu „der Schwarm fällt" –, schlüpfen einige der inzwischen ebenfalls reifen Königinnen aus ihren Brutzellen. Die Turbulenzen erlauben es ihnen, mitzuziehen, ohne von der Erstgeborenen abgestochen zu werden. Sie spielen ihren Entwicklungsvorsprung von manchmal nur wenigen Stunden aber später gnadenlos aus. Wieder wirbelt eine Wolke durch die Luft und sammelt sich als Traube. Sie hat nicht die geschlossene Gestalt des Vorschwarms. Die Schwarmtraube ist durch die Jungköniginnen, um die sich jeweils Tausende Bienen gruppieren, stark zergliedert.

Aus der Unruhe im Stock sind nun mehrere Jungvölker entstanden: Vorschwarm und Nachschwarm – bei günstigen Bedingungen kann es auch mehrere Nachschwärme geben. Die Schwärme senden Scouts aus, die neue Nistplätze für die Koloniegründung suchen. Sie gehen ins volle Risiko, lassen Waben, Honig und Brut, einfach alles, hinter sich und wurden früher deshalb auch „nackte Völker" genannt. Im alten Nest bleibt meist noch genug Volk und die zuletzt schlüpfende Königinnenbrut zurück.

Die aufregenden Zeiten sind noch nicht vorüber, denn ans Eierlegen ist nicht sogleich zu denken. Wenn die Jungkönigin jetzt ihre Hauptfunktion ausüben würde, könnte sie nur Drohnen, den Bienenmännern, das Leben schenken, da sie noch nicht begattet ist. Denn diese entstehen aus un-

> Wenn die Jungkönigin Eier legen würde, könnte sie nur Drohnen das Leben schenken, da sie noch nicht begattet ist. Ein Hochzeitsflug muss stattfinden.

befruchteten Eiern. Schnellstmöglich muss ein Hochzeitsflug arrangiert werden, damit endlich wieder Arbeiterinnenbrut in die Zellen kommt und die Jungvölker heranwachsen können.

In der Regel wird die Königin nach einer Woche brünstig und fliegt an mehreren Tagen aus, um wiederholt den Geschlechtsakt zu vollziehen. Dabei könnte sie es viel einfacher und auch ungefährlicher haben, denn im Stock sind ja an die tausend Drohnen um sie herum, die nur auf ihre Chance warten. Denn schließlich ist die Königin im dichten Gewusel in direktem Kontakt mit ihnen. Vielleicht findet da auch ein gewisses Vorspiel statt, aber eine Begattung im Nest verstößt gegen die guten Sitten. Ohne Ausnahme.

Bei widrigem Wetter wird lieber das Risiko einer drohnenbrütigen Königin in Kauf genommen, das eine Verschiebung des Hochzeitsflugs mit sich bringt, als die Befruchtung im Bienenstock zu vollziehen. Ein Grund dafür ist am ehesten auf evolutionärer Ebene zu finden. Denn eine genetische Durchmischung der Bienenvölker ist nur mit einer Befruchtung außerhalb des Stocks möglich. Durch die genetische Vielfalt von männlicher Seite aus steigt die Vitalität des Volkes, da die Halbschwestern unterschiedliche genetisch gebundene Fähigkeiten ausprägen. Während sie innerhalb des Volkes durchgehend eng miteinander kooperieren, lernen sie voneinander. Ein Effekt, der auf das Ganze gesehen erheblich zum Erhalt der Spezies beiträgt.

Bei klarem Wetter und einer Temperatur stabil über 18 Grad startet die Königin zum Hochzeitsflug. Obwohl sie gerade erst eine Woche alt ist, sucht sie nicht in der Landschaft herum. Sie weiß, wohin sie fliegen muss: zum Drohnensammelplatz. Dieser Ort bleibt erstaunlicherweise über Jahre gleich, und es ist bisher nicht bekannt, was ihn so bedeutsam macht und woran er erkannt wird. Jedenfalls fliegen Königin und Drohnen dorthin, wenn nötig kilometerweit. Bis zu 20.000 Drohnen aus den Völkern der Region warten an solchen Plätzen. Mit gespannten Sinnen und ihrem 180-Grad-Blick scannen sie das Himmelsgewölbe. Sobald eine Königin erscheint, fliegen sie los. Magisch angezogen von ihren Pheromonen.

Wenn ein Drohn das Objekt seiner Begierde erreicht hat, dockt er während des Fluges in einer Höhe von zehn bis 30 Metern am Hinterleib der Königin an. Dann führt er seinen immer harten, aus Chitin geformten Penis ein. Anders als bei den meisten Tierarten schießt der Drohn seinen Samen jedoch nicht ab. Er ejakuliert nicht aktiv. Stattdessen spannt die Königin ihre Muskulatur heftig an, wodurch sie einen Unterdruck erzeugt, durch den sie die Spermien förmlich aufsaugt. Dabei wird dem Drohn der Penis aus dem Leib gerissen und bleibt in der Vagina stecken. Danach kommen weitere Drohnen zum Zuge. Sie entfernen zuerst den Penis ihres Vorgängers, um sodann auch ihr eigenes Schicksal zu vollenden. Bis zu 20 männliche Bienen haben das todbringende Vergnügen. Nach dem Akt ist ihr ganzer Körper gelähmt. Sie rutschen von ihrer flüchtigen Geschlechtspartnerin ab und sterben, noch während sie zu Boden fallen.

Die Königin nimmt die Samen der Drohnen in einer eigens dafür bestimmten Blase auf. Bis zu zehn Millionen Spermien kann sie dort speichern und bis an ihr Lebensende lebendig erhalten. Sie stehen ihr für die Erzeugung von Eiern, aus denen Arbeiterinnen schlüpfen sollen, jederzeit zur Verfügung. Eingedenk dieser Befruchtungsfähigkeit scheint es gar nicht so abwegig, die Königin als zweigeschlechtliches Wesen zu sehen. Schließlich hat sie die männliche Fähigkeit zur Befruchtung im Wortsinn verinnerlicht und trägt Eier ebenso wie Sperma in sich. Souverän kann sie von nun an entscheiden, ob sie weiblichen oder männlichen Bienen das Leben schenkt.

> Beim Hochzeitsflug nimmt die Königin bis zu zehn Millionen Spermien in ihrer Samenblase auf. Bis zu fünf Jahre lang kann sie nun Eier befruchten, damit Arbeiterinnen entstehen.

An Drohnen besteht allerdings erst einmal kein Bedarf mehr. Die Königin ist mit dem, was diese zum Wohl des Volkes beisteuern können, versorgt. Das bekommen die Männchen nach geglücktem Hochzeitsflug auch zu spüren. Von der liebevollen Versorgung der Drohnen mit Nahrung und Wärme bleibt nichts mehr übrig. Die Arbeiterinnen lassen ihre Brüder mitleidlos hungern, bis sie schlapp sind und bei der Drohnenschlacht, einer gnadenlosen Razzia nach allen männlichen Bienen, kaum noch Widerstand leisten. Diese wehren sich dennoch mit allen Mitteln. Strampeln mit den Beinen, werfen sich hin und her und versuchen, die Angreiferinnen abzuschütteln. Doch die sind viel zu flink und geschickt. Außerdem auch zahlenmäßig hoffnungslos überlegen. Ohne ihren Stachel einsetzen zu müssen, geben sie dem Drohn schließlich den Todesstoß. Sie zerren ihn zum Stockausgang und werfen ihn aus dem Nest. Binnen weniger Stunden wird er entweder verhungern oder Futter für allerlei anderes Getier.

Kaum ist die Königin vom Hochzeitsflug zurück, beginnt sie mit dem Eierlegen. Nach drei Wochen ist die erste Arbeiterinnenbrut verdeckelt und die Königin sitzt fest im Sattel. Dann werden wieder alle vitalen Prozesse ausgeführt, die Organe des Volkes arbeiten in engmaschiger Abstimmung zusammen. Vom Larvenfüttern bis zum Pollenstampfen und vom Putzen bis zum Nektarsammeln und bei den nackten Völkern auch der Wabenbau. Die Schwärme beginnen ihrerseits bereits in der ersten Nacht mit dem Bau von Zellen. Da alle Bienen durch den Schwarmprozess vitalisiert und aufgeladen sind, laufen auch die Wachsdrüsen der Arbeiterinnen auf Hochtouren. In kürzester Zeit wird das notwendige Wabenwerk geschaffen. Es gibt nur eine Devise: Wachstum, solange die Landschaft noch genügend Nahrung zur Verfügung stellt. Mit enormer Produktivität betreibt das Volk nun seine eigene Verjüngung. Da die Königin bis zu 2.000-mal pro Tag stiften kann, wächst das Volk rasch zu einer starken, überwinterungsfähigen Kolonie heran.

Allerdings laufen die Vermehrungsprozesse ganzer Völker nicht ungestört ab. Anderenfalls wäre die Welt nach 45 Millionen Jahren, in denen die Honigbienen bereits den Planeten Erde durchwirken, von Bienen übersät, wenn aus einem Stock drei bis vier neue werden können. Doch Nahrungsengpässe und widrige Witterungsbedingungen schränken ihr Wachstum ein. Manche Schwärme fallen zu spät, um sich vollständig bis zum Winter zu regenerieren, und manch eine Königin kehrt nicht vom Begattungsflug heim. Außerdem gibt es natürliche Feinde der Bienen. Sie haben zum Beispiel mit Wespen, Hornissen, Spinnen, Bären und Varroa-Milben zu kämpfen. Doch Maßlosigkeit machte den Menschen zum Feind Nummer eins. Die Industrialisierung der konventionellen Landwirtschaft zerstört die Lebensräume der Bienen, raubt ihnen die Blütenvielfalt und vergiftet ihre Nahrung mit Pestiziden. Beim Imker liegen die Bienen heute gewissermaßen auf der Intensivstation. Infusionen mit Zucker und wiederholter Einsatz von Arzneimitteln sind die Regel.

Im Spätsommer geht der Umfang des Brutnestes im Bienenstock zurück, abhängig von Temperatur und Nahrungsangebot. Schließlich legt die Königin im Spätherbst die letzten Eier der Saison. Die zuletzt geschlüpften Bienen haben keine Arbeit mehr. Es ist ja auch nichts mehr da in der Landschaft. Die Blumen sind abgeblüht, außerdem wird es langsam zu kalt, um draußen zu sein. Wenn die Sonne weiter sinkt, ist es an der Zeit, ganz nah zusammenzurücken und die von den Schwestern im Sommer unter Lebensgefahr eingebrachten Vorräte zu verzehren. So kann es Winter werden. Soll doch ein Eiszapfen im Stock wachsen! Die Bienen machen es sich angenehm warm und laben sich am Honig.

Und es tickt bei allen Bienen das ganze Jahr über. Tatsächlich nennen sie eine innere Uhr ihr Eigen. Das kam bei Experimenten mit Narkotika ans Licht, die auf die innere Uhr des Menschen wirken. Wenn die menschlichen Patienten nach vier oder mehr Stunden erwachten, nahmen sie an, es sei dieselbe Zeit wie zu Beginn der Operation. Wurden Bienen mit demselben Mittel für sechs Stunden betäubt, wich ihr Flugverhalten um etwa 90 Grad nach Osten ab. Sie hatten also nicht realisiert, dass die Sonne während ihrer Narkose weiter nach Westen gewandert war, und verhielten sich, als wäre es sechs Stunden früher. Ihre innere Uhr war also stehen geblieben – ganz wie beim Menschen. Ein eindrucksvoller Beweis dafür, dass die Bienen sich selbst den Takt schlagen.

WIE BIENEN
REDEN

gebracht und ausgesetzt würde. Ohne Smartphone, Ortsschilder oder hilfsbereite Passanten hätte man nun sicherlich einige Orientierungs- schwierigkeiten.

Und die Biene? Sie schüttelt sich kurz, dann fliegt sie genau in dem Winkel los, den sie auch genommen hätte, wenn ihr die Bienenforscher keinen Streich gespielt hätten. Natürlich kommt sie nicht am erwarteten Ziel an. Sie sucht noch eine Weile an der Stelle herum, bis sie sicher ist, dass sich ihr Stock nicht doch irgendwo in der Nähe befindet. Was nun? Ist sie jetzt verloren, weil sie nur den Weg hin zur Schale mit Zucker- lösung und zurück zum Stock kennt? Beileibe nicht. Sie steigt wieder in die Lüfte auf und fliegt schnurstracks nach Hause.

Zurück am heimischen Flugloch vergewissert sie sich noch einmal, wo genau die Schale mit der Zuckerlösung zu finden ist. Allerdings fliegt sie dazu nicht einfach los, um auf eigene Faust zu suchen. Sie folgt auch nicht anderen Sammlerinnen, die auf dem Weg dorthin sind. Sie geht nicht nach außen, sondern erst einmal nach innen. Sie schlüpft in den Stock hinein. Dort klinkt sie sich ins Gespräch der Sammlerinnen ein, das auf der Wabe stattfindet.

Bienen kommunizieren tanzend.

Die Kommunikation der Bienen läuft körper- betont und rhythmisch. Sie reden, indem sie tanzen. Dass ihr forsches Schwingen der Hüfte genau diesen Sinn hat, entdeckte der österreichi- sche Zoologe Karl von Frisch und wurde dafür 1973 mit dem Nobelpreis geehrt. Zu dieser Zeit war der Schwänzeltanz als Phänomen bereits 2.500 Jahre bekannt und ließ die wildesten Spekulationen ins Kraut schießen. So vermutete der deutsche Imker Nikolaus Unhoch noch im 19. Jahrhundert, dass der Tanz Ausdruck „gewisser Lustbarkeiten und Freuden" sei, die Bienen miteinander empfinden, und dass sie sich von Zeit zu Zeit auf diese Weise gegenseitig aufmuntern.

Möglicherweise gehören derlei menschliche Gefühle auch zum Empfindungsspektrum der Bienen, aber der Schwänzeltanz dient nicht dem Amüsement. Er hat eine klare Funktion, wird mit einer ausgefeilten Choreografie und einer feststehenden Dramaturgie ausgeführt. Eine Biene tanzt vor, die umstehenden folgen. Während sie ihr Hinterteil wackeln lässt und mit ihren Flügeln schlägt, als wolle sie gleich fortfliegen, legt sie eine bestimmte Strecke zurück. Dann stellt sie die Tanzbewegungen ein und läuft zurück zum Ausgangsort. Dort angekommen wiederholt sie ihren Tanz. Mitunter viele Male. Dabei schwänzelt sie weiterhin nur auf der Geraden. Den Rückweg schlägt sie abwechselnd links oder rechts herum ein. Die Tänzerin läuft dabei in einem Halbkreis, sodass sie mit ihren Bewegungen eine reichlich zusammengedrückte Acht beschreibt.

Jedes Detail dieses Ablaufes hat Bedeutung. Die dem Tanz folgenden Bienen können ihm entscheidende Koordinaten entnehmen. Die Anzahl der Schwänzelbewegungen gibt an, wie weit entfernt das Ziel liegt. Auch die Richtung, in die getanzt wird, ist wichtig, da aus ihr der einzuschlagende Flugwinkel relativ zum Sonnenstand entnommen werden kann. Der Sinn der Übung besteht darin, den anderen Sammlerinnen kundzutun, wo sich eine besonders ergiebige Futterstelle befindet. Je intensiver und ausdauernder sie tanzt, desto gehaltvoller ist die Nahrung, die sie gefunden hat. Zum Beweis hat die Tänzerin auch Kostproben dabei. Sobald sie von einer der ihr folgenden Bienen kurz mit dem Kopf angestupst wird, hält sie mit dem Tanzen inne und verteilt bereitwillig Tröpfchen des Nektars an ihre Schwester. Nachdem sich die Sammlerin von der Qualität überzeugt und die gelieferten Koordinaten verinnerlicht hat, krabbelt sie ins Freie und fliegt zu dem angegebenen Ort, um dort den Nektar aus den Blüten oder das Zuckerwasser aus der Schale zu saugen.

> Die Anzahl der Schwänzelbewegungen gibt die Entfernung an. Die Richtung, in der sich das Ziel befindet, erkennen die Bienen aus dem Winkel relativ zum Sonnenstand.

Die von den Forschern versetzte Biene braucht sich also nur eine Weile auf dem Tanzboden der Wabe aufzuhalten, damit sie wieder Klarheit darüber bekommt, wohin sie fliegen muss, um weiter sammeln zu können. Die Tänzerin, der sie folgt, schwänzelt 17-mal, um das einen Kilometer vom Stock entfernte Ziel anzugeben, denn eine Bewegung ihres Hinterteils symbolisiert etwa 60 Meter Entfernung. Da die Zuckerwasserschale im Süden steht, tanzt die Biene zudem senkrecht nach oben, vorausgesetzt, es ist gerade zwölf Uhr mittags. Später am Tag verschiebt sich die Richtung ihres Tanzes entsprechend, damit sie ihren Schwestern den richtigen Weg weisen kann. Abends, wenn die Sonne im Westen steht, würde sie im Winkel von 90 Grad gegenüber der Senkrechten nach links tanzen, morgens in die dazu genau entgegengesetzte Richtung.

Aber im Stock ist es doch dunkel! Wie können die Bienen da die genaue Richtung angeben, in der das Ziel relativ zum Sonnenstand liegt, wo sie doch unser Zentralgestirn gar nicht sehen? Die Antwort auf diese Frage offenbart eine weitere bemerkenswerte Facette der Wahrnehmungswelt der Bienen. Kippt man die vertikal positionierte Wabe in die Horizontale, beginnen die Bienen sofort, planlos zu tanzen, und können ihre Informationen über die Flugrichtung nicht mehr an die anderen

> Wie können die Bienen in der Dunkelheit des Stocks die genaue Richtung angeben, in der das Ziel liegt?

Sammlerinnen übermitteln. Das ändert sich in dem Moment, in dem man die Wabe wieder in die Vertikale bringt. Somit liegt der Schluss nahe, dass den Bienen die Schwerkraft im dunklen Stock als Bezugsgröße dient. Sie orientieren sich nicht mithilfe von Himmelsrichtungen, sondern durch ein eigenes, schwerkraftbezogenes Koordinatensystem. Richten sie ihren Schwänzeltanz senkrecht nach oben – also direkt entgegen der Schwerkraft –, bedeutet das für die anderen Sammlerinnen: „Flieg genau in die Richtung, in der die Sonne steht." Dementsprechend lautet die Fluganweisung der Tänzerin, wenn sie senkrecht nach unten schwänzelt: „Flieg entgegen der Richtung, in der die Sonne steht." Liegt der anzugebende Ort 30 Grad links von der Sonne, tanzt sie um 30 Grad von der Senkrechten versetzt.

Wenn die Bienen allerdings den Himmel sehen können, brauchen sie die Schwerkraft nicht, um im Schwänzeltanz die Richtung korrekt anzugeben. Dann nehmen sie den Sonnenstand als Bezugsgröße für ihre Fluganweisungen. Sobald also natürliches Licht auf die in die Horizontale gekippte Wabe fällt, können sie auch hier mit ihren Tänzen wieder die exakte Richtung angeben. Dafür muss nicht einmal die Sonne selbst zu sehen sein. Ein Stück Himmel genügt, denn die Bienen sind in der Lage, das Polarisationsmuster zu sehen, das sich je nach Sonnenstand in charakteristischer Weise ändert. Durch Umkehrschluss errechnen die Bienen aus der Polarisation am Firmament, wo die Sonne gerade steht. Die Wahrnehmung des Polarisationsmusters mithilfe der UV-Rezeptoren in ihren Facettenaugen ist für die Bienen überlebenswichtig. Wären sie dazu nicht in der Lage, könnten sie nur bei blauem Himmel ausfliegen und sobald sich nur die kleinste Wolke vor die Sonne schöbe, liefen sie Gefahr, sich zu verirren.

Zwar schwänzeln die Bienen auch bei Tageslicht, in aller Regel aber reden sie tanzenderweise in der Dunkelheit des Stocks über einen Ort in der Landschaft. Die Sammlerinnen verwenden für ihre Kommunikation Symbole, die dann jede für sich in eine Fluganweisung umwandeln muss. Dabei sehen sie den Ort nicht, über den sie sich unterhalten. Sie zeigen einander also nicht die besonders nahrhaften Futterstellen, indem sie beispielsweise zur Blüte selbst fliegen, sondern

> Die Bienentänze tragen spezifische Charakteristika einer Sprache, ihre Kommunikation über Orte läuft auf symbolischer Ebene ab.

sie leisten einen erstaunlichen Übersetzungsvorgang. Zuerst müssen sie realisieren, dass der Tanz gerade nicht ihrem Amüsement dient, sondern dass seine Richtung für einen anzustrebenden Flugwinkel steht und das Wackeln des Hinterleibs die entsprechende Entfernung angibt. Diese Form der Abstraktion bildet den Kern sprachlicher Kommunikation. Insofern kann man den Schwänzeltanz mit einigem Recht als Sprache bezeichnen.

Die Bienen kennen noch andere Tänze, die ebenfalls symbolische Elemente beinhalten. Den wahrscheinlich evolutionär ältesten Rundtanz setzen sie ein, wenn sie andere Sammlerinnen auf Orte rund um ihren Stock aufmerksam machen wollen. Im Umkreis von etwa 80 Metern. Dabei läuft die Tänzerin im Kreis und wechselt mit einem kleinen Hakenschlag nach jeder Runde die Richtung. Andere Bienen werden aufmerksam und folgen ihr. Dabei nehmen sie den an der Tänzerin haftenden Geruch der Blüte wahr. Mitunter hat auch diese Tänzerin eine Kostprobe dabei. Sobald der Rundtanz nach oft mehreren Minuten zu Ende gegangen ist, schwärmen die Sammlerinnen aus und suchen die Futterquelle im Umkreis des Stocks anhand des Geruchs.

Wenn eine Sammlerin mit vollem Honigmagen zu lange warten muss, um den Nektar zu übergeben, geht sie auf die Wabe und fängt dort mit ihrem ganzen Leib an zu zittern und zu zucken. Das erregt hohe Aufmerksamkeit bei den Stockbienen. Wenn sich diese Zittertänze häufen, werden innerhalb weniger Stunden neue Arbeiterinnen rekrutiert, die sich um die Honigproduktion kümmern. Das können Ammenbienen sein, die ein paar Entwicklungsstufen überspringen, aber auch Sammlerinnen, die sich ein wenig verjüngen, da sie den eingetragenen Nektar derzeit ohnehin nicht loswerden würden. Jedenfalls versteht das Volk rasch die alarmistische Botschaft des Zittertanzes, die wiederum symbolisch mitgeteilt wird.

Bienen können ihre Schwestern auch wachrütteln – und zwar tanzend!

Etwas direkter geht es zu, wenn die Bienen den Schütteltanz praktizieren, um miteinander zu reden. Dabei erzeugt eine Arbeiterin Vibrationen, indem sie ihre Beinmuskulatur in rascher Folge kontrahiert. In diesem Zustand nimmt sie Körperkontakt zu anderen Bienen auf, die nun ebenfalls durchgeschüttelt werden. Offensichtlich rütteln die Bienen ihre Schwestern auf diese Weise im wahrsten Sinne des Wortes wach. Jedenfalls verrichten diese dann genau jene Tätigkeit, die nach der Schüttelattacke von der Tänzerin ausgeübt wird: etwa Putzen oder Heizen.

Schließlich hat auch das aufgeregte Treiben in den Wabengassen Tanzcharakter, das die Bienen praktizieren, bevor ein Schwarm abgeht. Die Arbeiterinnen laufen dann in einem wirren Zickzackkurs durcheinander und rempeln ihre Schwestern an. Dieser Schwirrtanz versetzt das Volk in höchste Anspannung und macht es so bereit für den Aufbruch ins Unbekannte.

Die von den Forschern – zu Anfang des Kapitels – versetzte Biene fliegt, nachdem sie sich auf der Wabe noch einmal neu orientiert hat, wieder aus und steuert schnurstracks den Ort an, an dem sie das letzte Mal abgefangen wurde. Zwar erwartet sie dort kein Bienenforscher mehr, trotzdem wird ihr ein neuerlicher Streich gespielt. Denn plötzlich ist die Schale mit der Zuckerlösung fort! Was nun? Zurück zum Stock? Im Prinzip schon, denn die Sammlerin hat dort etwas zu erledigen. Aber sie nimmt nicht den direkten Weg nach Hause, sondern fliegt erst einmal zu der Stelle, wo die Zuckerlösung am Vortag stand. Doch auch dort findet sie nur noch kahles Feld und keine Spur vom süßen Saft. Daraufhin macht sie sich auf den Heimweg.

Im Stock angekommen führt ihr erster Weg zum Tanzboden auf der Wabe. Sie läuft direkt auf die Tänzerin zu, die noch immer für die mittlerweile verödete Stelle wirbt, und stößt ihr heftig den Kopf in die Seite. Mehrmals hintereinander, und viel stärker, als wenn sie eine Kostprobe vom

> Die Bienen können nicht nur den Tänzen ihrer Schwestern zuhören. Sie können Nein sagen, wenn sie über neue Informationen verfügen. Dann setzen sie ein Stoppsignal.

Nektar hätte bekommen wollen. Die Tänzerin versucht weiterzumachen, doch da die Stoppsignale ihrer Schwester nicht abnehmen, stellt sie ihre Schwänzelbewegungen ein. So schafft es die Biene, dafür zu sorgen, dass keine Tänzerin mehr für jene Stelle wirbt, an der man von Menschen eingefangen, in Röhrchen gesteckt und verschleppt wird. Und wo außerdem nicht einmal mehr Zuckerlösung zu holen ist.

Wie schafft es die Biene, sich an Orten zurechtzufinden, für die sie keine Fluganweisung hat? Warum findet sie nach einer Versetzung nach Hause?

Wie gelang es der Biene eigentlich, von der Stelle, an der sie die Zuckerlösung vermutete, zu dem Ort zu fliegen, an dem das Schälchen tags zuvor stand? Sie kannte doch jeweils nur den Weg vom Stock zu diesen Orten, nicht aber die direkte Verbindung zwischen beiden. Noch rätselhafter ist, dass die Biene nach ihrer Versetzung zum Stock zurückfand, da sie nicht mitbekommen hat, wie weit sie transportiert und wo sie freigelassen wurde. Um den heimischen Stock zu sehen oder zu riechen, lag dieser viel zu weit entfernt.

Diese virtuosen Orientierungsleistungen legen nahe, dass Bienen die Informationen, die sie während des Schwänzeltanzes bekommen, in zwei Stufen verarbeiten. Zuerst entschlüsseln sie die übermittelte Fluganweisung, indem sie die Körperbewegungen der Tänzerin in Entfernung und Flugwinkel übersetzen. Dann aber fliegen die instruierten Sammlerinnen nicht einfach los wie computergesteuerte Fluggeräte, sondern machen sich ein Bild von der Landschaft. Sie stellen sich das Ziel vor, indem sie die erhaltenen Daten über den Ort mit den auf ihren bisherigen Ausflügen verinnerlichten Landmarken abgleichen. Das können Bäume, Sträucher oder Wiesen sein, aber ebenso gut auch Feldränder, Ackerfurchen oder Wasserkanäle. All diese Punkte verbinden die Bienen auf geometrische Weise, sodass sie in ihrem Inneren über eine Repräsentation der von ihnen erkundeten Landschaft verfügen. Mithilfe dieser Repräsentation, die der Berliner

Neurobiologe Randolf Menzel als kognitive Karte im Gehirn der Bienen identifiziert hat, erfüllen sie die im Schwänzeltanz erfahrenen Koordinaten mit Leben. Sie besitzen ein Bild von diesem Ort, vergleichbar vielleicht mit der menschlichen Vorstellung von dem Stadtteil, in dem man wohnt.

Angenommen, ein über die Maßen zahlenverliebter Nachbar weist auf ein neu eröffnetes Café hin, indem er sagt: „Wenn du jetzt losgehst, musst du von hier aus 800 Meter in Richtung Sonne gehen und dann nach links abbiegen. 400 Meter weiter liegt dann das Café." Sicherlich würde man nicht stur dieser Anweisung folgen und sofort loslaufen, sondern erst einmal seine kognitive Karte vom Stadtteil aufrufen. Da würden dann der Supermarkt, die Galerie und der Spielplatz auftauchen, die in etwa in der angegebenen Richtung und Entfernung liegen, und schon hätte man eine Vorstellung davon, wo sich das Café befindet. Dann erst würde man losgehen. So verfahren die Bienen auch, wobei anzumerken ist, dass ihr Orientierungsradius im Verhältnis gesehen um ein Vielfaches größer ist als ein Stadtteil.

Die Sammlerinnen bauen die Fluganweisung der Tänzerin in ihre eigene kognitive Karte ein, dann erst machen sie sich auf den Weg. Da sie eine innere Vorstellung von der Geometrie der Landschaft haben, können sie neue Wege zwischen den einzelnen Orten finden, die sie bislang nur direkt

> Die Bienen haben eine Vorstellung von den räumlichen Zusammenhängen der Landschaft. Sie navigieren mithilfe einer kognitiven Karte.

vom Stock aus angeflogen sind. Die Sammlerinnen navigieren souverän im Gelände, nehmen Abkürzungen und lassen sich auch von mutwilligen Versetzungen nicht irritieren. Derlei Unbill kann ihnen auch unter natürlichen Bedingungen widerfahren, wenn sie beispielsweise in einen Sturm geraten. Dann finden sie ebenfalls nach Hause zurück, es sei denn, sie werden aus dem ihnen vertrauten Gebiet in einem Umkreis von bis zu drei Kilometern um den Stock herum hinausgetragen.

Um ihre kognitive Karte zu füllen, unternehmen die noch unerfahrenen Sammlerinnen zuerst Erkundungsflüge, bei denen sie noch keine Blüten anfliegen, so verlockend das auch sein mag. Verlässt eine Biene das erste Mal das Nest, entfernt sie sich zuerst nur wenige Meter. Dann dreht sie sich um und schaut sich ihren Stock aus der Perspektive ihres späteren Landeanflugs an. Dafür lässt sie sich einige Minuten Zeit, bevor sie sich etwa 100 Meter weit vom Nest fort wagt. Aufmerksam studiert die angehende Sammlerin dabei die Beschaffenheit und Struktur des Bodens sowie den Sonnenstand und das Polarisationsmuster am Himmel.

Außerdem vermisst sie die Wegstrecken, die sie zurücklegt. Dafür nutzt sie das Phänomen, dass, sobald sie fliegt, nahe Gegenstände schneller, weiter entfernte hingegen langsamer zu fliehen scheinen. So wie während einer Bahnfahrt die Ähren auf einem Weizenfeld ganz in der Nähe förmlich vorbeifliegen, das weiter entfernte Bauerngehöft dagegen länger zu sehen ist, während der Mond geradezu stillzustehen scheint. Diesen sogenannten optischen Fluss vermögen die Bienen mit ihren Facettenaugen so präzise wahrzunehmen, dass sie daraus Längenmaße ableiten können. Das beweisen sie während des Schwänzeltanzes, wenn sie Entfernungen zum Ziel angeben und ihre Schwestern daraufhin die Futterstelle finden.

Natürlich ist die Stärke des optischen Flusses von der Höhe abhängig. Je tiefer die Biene fliegt, desto schneller ziehen die Landmarken vorüber. Tatsächlich messen die Sammlerinnen völlig andere Entfernungen für dieselbe Strecke, wenn sie durch ein Rohr fliegen oder wenn sie in luftiger Höhe zwischen zwei Hochhäusern pendeln. Der Münchener Zoologe Harald Esch fand heraus, dass dabei die im Schwänzeltanz angegebenen Entfernungen vom tatsächlichen Wert um das 20-Fache abweichen können. Aber wen kümmert es? Die Bienen scheren sich nicht darum, wenn ihnen die Wissenschaftler Fehler nachweisen. Warum auch? Sie sind nicht an Metermaße gebunden und das internationale Einheitensystem bereitet ihnen kein Kopfzerbrechen. Sie brauchen nur in derselben Höhe zu fliegen wie die Tänzerin und schon erreichen sie exakt das Ziel. Der „Fehler" liegt dann lediglich im Auge des Experimentators, nicht in dem der Biene.

Die Sammlerin speist alle Informationen, die sie auf ihrem Erkundungsflug erhält, in ihre kognitive Karte ein und probt den ersten Heimflug. Ist der geglückt, zieht sie größere Kreise durch die Landschaft. Sie greift immer weiter aus. Sobald sie sich eine genaue Vorstellung von dem Gebiet erarbeitet hat, in dem ihre Schwestern bereits eifrig sammeln, begibt sie sich auf die Wabe und folgt den Tänzerinnen. Dann fliegt sie aus und hilft, Nektar in den Bienenstock einzutragen.

Die Bienen sprechen nicht, wenn sie miteinander kommunizieren. Ihre Sprache besteht nicht aus Lauten, wie etwa die der Menschen, sondern aus einer Reihe koordinierter Bewegungen. Doch welchen Sinn sollen Tanzbewegungen in der Finsternis des Stocks haben? Dort, wo sie niemand sehen kann? Die Informationsübertragung im Schwänzeltanz funktioniert trotzdem reibungslos. Aber wie? Besitzen die Bienen in ihren 3.500 Einzelaugen etwa Infrarot-Sensoren, mit denen sie auch in der Dunkelheit sehen können? Beileibe nicht. Die Komplexaugen der Bienen sind nicht einmal für die Farbe Rot empfindlich. So sehen die Bienen die Blüte einer (uns) rot im Sonnenlicht schimmernden Rose schwarz.

> Welchen Sinn hat der Schwänzeltanz eigentlich im dunklen Stock, wo die Bewegungen gar nicht gesehen werden können? Wie gelingt die Informationsübertragung?

Unglaublich, aber wahr: Die bezaubernde Welt der Pflanzen, von der man annehmen könnte, sie habe sich in ein derart farbenfrohes Gewand gekleidet, um für die bestäubenden Insekten attraktiv zu sein, wird von den Bienen kaum wahrgenommen. Um ihr spezielles Spektrum aus Grün, Blau und UV überhaupt zu sehen, brauchen die Bienen einen

Sehwinkel von 15 Grad, das heißt, alle Objekte, die bei einem Abstand von zwei Metern nicht mindestens 50 Zentimeter groß sind, sehen sie nur in Grautönen. Wenn sie sich in der Landschaft bewegen, sind die Bienen also de facto farbenblind. Mit der Sehschärfe steht es kaum besser. Da jedes Einzelauge jeweils einen Punkt zum Gesamtbild beisteuert, sehen die Bienen gerade mal mit einer Auflösung von 3.500 Pixeln. Selbst einfache Smartphones schießen Bilder mit einer mehr als 1.000-mal höheren Präzision.

Obwohl man Bienen wahrlich nicht als Virtuosen des Sehsinns bezeichnen kann, lösen sie spielend all die komplexen Aufgaben, die sich ihnen beim koordinierten Nektareintrag in einem beachtlich großen Gelände stellen. Das gelingt ihnen, weil sie Wahrnehmungskünstler sind, die mit verschiedenen Sinnen zugleich die Reize der Welt aufnehmen. Für Bienen ist der zu rationaler Zerlegung einladende Sehsinn nicht der dominante. Sie fühlen die Welt. Sie erfassen sie aus der Empfindung heraus, nicht durch eine selbstermächtigende Analyse. Bienen trennen sich im Wahrnehmungsvorgang nicht im Namen einer vermeintlichen Objektivität von der Welt ab, sondern bleiben bei den Dingen selbst. So brauchen sie die Schwänzelbewegungen der Tänzerin auch nicht mit ihren Augen zu erfassen. Sie verfügen über Mittel, die kaum einem anderen Lebewesen zur Verfügung stehen. Über ihre mit Sinneszellen vollgepackten Antennen können die Bienen nämlich nicht nur Tast-, Geruchs- und Hörreize verarbeiten, sondern auch elektrische Signale wahrnehmen.

Bienen sind Wahrnehmungskünstler, die über einen sechsten Sinn verfügen. Sie können sogar elektrostatische Felder wahrnehmen.

Während eines Ausflugs laden sich die Bienen in der Luft mit einer Spannung von 300 bis 500 Volt auf. Das sind höhere Werte als die üblicher Steckdosen, allerdings fehlt bei den Bienen die Stromstärke, weswegen man in diesem Zusammenhang von elektrostatischen Feldern spricht.

Diese können auch entstehen, wenn man in Wollsocken über einen Teppich schlurft. Beim Berühren der Türklinke entlädt sich dann die Spannung, wobei sogar kleine Funken sprühen können.

Die Sammlerinnen im Stock sind positiv geladen. Da sich gleichgeladene Körper abstoßen, kommt es während des Schwänzeltanzes zu merklichen Effekten. Sobald eine Tänzerin ihr Hinterteil wackeln lässt und die Flügel schlägt, werden die Antennen der Sammlerinnen in der Nähe in spezifischer Weise mitbewegt. Die elektrostatischen Felder eignen sich hervorragend als Medium zur Kommunikation der Bienen im Schwänzeltanz, da sie sich in alle Richtungen ausbreiten. Doch nicht nur das. Sie werden von den in der ersten Reihe um die Tänzerin herumstehenden Bienen sogar noch in einer Art elektrischer Linse gebündelt und für die weiter entfernten Sammlerinnen verstärkt. So verfolgen die Bienen also mit ihren hochempfindlichen Antennen die Schwänzelbewegungen und brauchen dazu weder Licht noch Körperkontakt. In ihrem sandkorngroßen Gehirn berechnen sie aus den in ihren Antennen eingehenden Daten die Koordinaten des Ortes, den die Tänzerin empfiehlt, geben ihm Gestalt in ihrer kognitiven Karte und fliegen los. Sollten die Sammlerinnen auf dem Ausflug noch trächtigere Stellen entdecken, dann werden sie nach dem Heimflug selbst zu Tänzerinnen und informieren ihre Artgenossinnen darüber mithilfe elektrostatischer Felder.

Einen weiteren Beleg für die pralle Sinnlichkeit der Bienen liefert ihre Kommunikation über Pheromone. Sie können miteinander reden, indem sie duften. Durch die Absonderung des Botenstoffs übermitteln die Arbeiterinnen Botschaften untereinander, setzen Signale und Achtungszeichen. Die stärkste Pheromonproduzentin im Stock ist jedoch die Königin. Sie stellt das Hormon in ihren Mandibeldrüsen her und hüllt sich damit ein. Das Königinnenpheromon haftet an ihrem gesamten

Bienen verständigen sich auch über Pheromone. Nicht nur die Königin nutzt Duftstoffe zur Kommunikation.

Körper. Die Ammenbienen, die in engem körperlichen Kontakt mit ihr stehen, nehmen es auf und verteilen es im ganzen Stock. Wenn die Königin beim Eierlegen über die Waben läuft, duftet sie den Stoff aus. Wo immer sie hintritt, hinterlässt sie regelrechte Pheromonpackungen. So gibt ihr hormoneller Fußabdruck dem Volk das Gefühl, in Sicherheit zu sein. Überall im Stock duftet es nach Königin, überall duftet es nach Identität, denn jede Königin gibt ihrem Pheromon eine individuelle Note, sodass die Bienen immer wissen, zu welchem Volk sie gehören. Solange so viel von diesem Stoff da ist, dass jede Biene ihr eigenes Volk riechen kann, herrschen Ruhe und Harmonie. Diese Sicherheit kann sich jedoch schnell verflüchtigen. Wenn die Königin älter wird und nicht mehr genug Kraft hat, ausreichende Mengen an Pheromon herzustellen, schafft sie es nicht mehr, mit ihrem Duft für Ordnung zu sorgen. Dann entsteht Unruhe und das Volk kommt in Schwarmstimmung.

Aber auch die Arbeiterinnen sind in der Lage, Pheromone abzusondern, um ihren Schwestern Informationen zu übermitteln. So markieren Tänzerinnen ertragreiche Futterstellen mit Pheromonen, wodurch den Sammlerinnen das Auffinden erleichtert wird. Solche Duftmarken setzen die ausfliegenden Bienen auch beim Verlassen des Stocks. Dazu erzeugen sie mit den Drüsen an ihren Beinen Pheromone. Eine zusätzliche Sicherheitsmaßnahme, um den Eingang bei ihrer Rückkehr in jedem erdenklichen Fall zuverlässig zu finden. Denn ohne ihr Volk sind die sozialen Insekten verloren. Deshalb gehen auch die jungen Sammlerinnen bei ihrem Erkundungsflug auf Nummer sicher. Wenn sie das erste Mal das Nest verlassen, duften sie Pheromone aus ihrer Sterzeldrüse am Hinterleib aus und verteilen sie durch heftigen Flügelschlag im Umfeld des Stocks. Deswegen nennt man diese Orientierungsflüge auch Sterzeln.

Im Kampf spielen Pheromone ebenfalls eine entscheidende Rolle. Anders als Wespen oder Hornissen plündern Bienen nicht planmäßig die Güter anderer. Werden sie allerdings Opfer von Angriffen, verstehen sie sich zu wehren. Dann heißt es Kampf auf Leben und Tod zur Verteidigung des Volkes. Sobald Gefahr in Verzug ist, strecken die Wächterbienen ihren Stachel raus und sondern ein spezifisches Alarmpheromon ab. Daraufhin rüstet sich alles, was Stachel und Giftblase besitzt, zum Kampf. Die Aggressivität des Volkes wächst. Mit vereinten Kräften setzen sie nun jedem, der dem Stock zu nahe kommt, gehörig zu. Ähnlich den gefürchteten Kamikazekriegern können Bienen beim Angriff ihr Leben verlieren. Sobald sie stechen, kann ihnen ihr Stachel samt einem lebensnotwendigen Knotenpunkt des Nervensystems aus dem Leib gerissen werden. Stechen sie aber andere Insekten, bleibt ihr Stachel nicht an seinen Widerhaken hängen. Aus dem gesplitterten Chitinpanzer kann ihn die Biene dann ohne Schaden zurückziehen. Die Angreifer tragen schmerzhafte Verletzungen und zugleich eine Pheromon-Markierung als Feind davon, auf dass die anderen Bienen sie sogleich identifizieren und entsprechend mit ihnen weiterverfahren können.

Wenn die Bienen schwänzeln, reden sie nicht nur über Wegstrecken. Sie unterhalten sich auch über Orte, über Nahrung, über Gefahren und über Wasservorräte. Doch auch das ist noch nicht alles. Bienen tauschen sich schwänzelnderweise ebenfalls über die Vorzüge und Nachteile einer neuen Wohnung für das ganze Volk aus. Jeder Vorschlag ist dabei willkommen, alles wird ausdiskutiert, bis Einigkeit herrscht. Solch vorbildliches Kommunikationsverhalten verdient eine tiefergehende Erörterung. Wie trifft das Bienenvolk als Ganzes Entscheidungen?

WER DIE BIENEN REGIERT

WER DIE
BIENEN
REGIERT

In einem Baum hängt der
Nachschwarm. Die Bienen
laufen von einer Bienentraube
zur nächsten. Auch eine Jungkönigin
wechselt hinüber. Weitere Prinzessinnen
tauchen aus dem Gewusel auf. Unruhig huschen sie
über die Arbeiterinnen hinweg. Alle sind Töchter derselben Königin, die
eine Woche zuvor in der Mitte ihres Schwarmes an diesem Baum hing.
Ihr sogenannter Vorschwarm hat bereits eine Wohnung gefunden. Und
nun sind gleich mehrere der Prinzessinnen mit einem Nachschwarm
aus dem Muttervolk ausgezogen. Nur eine von ihnen wird überleben.
Aber zunächst gilt es, für den Schwarm eine neue Bleibe zu entdecken.
Drei Tage bleiben ihm dafür. Und wenn es regnet, sind es nur wenige
Stunden, in denen die Suche erfolgreich sein muss.

Aus der Schwarmtraube lösen sich einige erfahrene Bienen. Es sind
wenige Hundert Arbeiterinnen, die bereits etwas älter sind, des Öfteren draußen waren und daher die Landschaft gut kennen. Diese
Spurbienen fliegen nun aus, um die Hohlräume der Gegend auf Tauglichkeit für ein neues Nest für die etwa 10.000 Bienen ihres Schwarmes
zu prüfen. Sie haben evolutives, also genetisch verankertes Wissen
davon, was als Wohnung für ihr Volk taugt. Im Wesentlichen gelten
drei Kriterien. So darf das Flugloch weder zu groß noch zu klein sein.

Auch beim Volumen der neuen Wohnung wird nach einem Optimum gesucht, das zwischen 40 und 60 Litern liegt. Und schließlich sollte die Höhe über dem Erdboden mindestens zwei Meter betragen.

Sobald eine Spurbiene einen potenziellen Nistplatz gefunden hat, untersucht sie ihn eingehend. Sie läuft den Innenraum ab. Mehrmals und in alle Richtungen, fliegt von einer Wand zur gegenüberliegenden, verlässt den Hohlraum, um einige Male den Anflug auf das Nest zu prüfen. Dann schlüpft sie wieder in den Innenraum und begeht ihn erneut. Sie erobert den Ort mit all ihren Sinnen. Sie vermisst ihn mit Bienenmaß. Verläuft ihre Prüfung zufriedenstellend, fliegt sie zurück zum Schwarm und beginnt auf der Oberfläche der Traube für ihren Vorschlag zu werben. Je näher der Hohlraum dem Ideal kommt, desto intensiver fällt der Schwänzeltanz aus, mit dem sie die Himmelsrichtung und Entfernung angibt, in der die Stelle liegt. Andere Spurbienen folgen ihrem Schwänzeltanz und fliegen los, um sich ein eigenes Bild davon zu machen, ob die Stelle als neuer Nistplatz geeignet sein könnte. Fällt ihre Bewertung gut aus, tanzen sie ebenfalls für diesen Ort.

Auch die Tänzerin selbst fliegt noch einmal zu ihrer Stelle. Dort überprüft sie im Schnelldurchlauf ihre Ergebnisse und schreitet erneut den Innenraum der Höhle ab. Zurück beim Schwarm tanzt sie weiter. Allerdings nun nicht mehr so intensiv wie zuvor. Als wolle sie dem Volk ihren Vorschlag nicht aufdrängen. Unabhängig davon, ob ihr Werben Gehör findet, tanzt sie schließlich gar nicht mehr für ihre Stelle. Ihre Werbung verläuft im Sande. Aber nicht etwa, weil sie demotiviert wäre. Im Gegenteil. Sie ist offen für Neues. Entweder begibt sie sich selbst noch einmal auf die Suche nach einem besser geeigneten Ort, oder sie folgt den Tänzen anderer, um deren Ergebnisse zu begutachten.

Keine der Spurbienen hat einen Überblick über alle Nistplätze, die in Betracht kommen, aber eine Entscheidung muss her. Es herrscht Zeitdruck, denn die Traube benötigt rasch eine neue Bleibe. Dementsprechend rege geht es auf ihr zu. Mehrere Spurbienen schicken ihren Favoriten ins Rennen, sodass gleichzeitig für verschiedene Stellen getanzt wird. Die nachfolgenden Bienen prüfen vorgeschlagene Wohnungen sorgfältig und bewerten sie autonom. Sie verlassen sich nicht aufeinander. Trotz der bewährten Kriterien für ein gutes Nest erfolgt eine individuelle Gesamtbewertung, die sich in der leicht unterschiedlichen Intensität des Tanzes niederschlägt. Im Idealfall tanzen schließlich alle Spurbienen für ein und dieselbe Stelle. Doch das ist nicht immer so. Trotzdem wird schließlich eine Option als Lösung gekürt. Aber weder auf der Schwarmtraube noch an den Nistplätzen findet eine abstrakte Auszählung von Stimmen statt. Über das Schicksal des Volkes wird auf rätselhafte Art und Weise vor der Haustür der neuen Wohnung entschieden.

Je besser die Eigenschaften sind, die eine Stelle aufweist, desto mehr Bienen begeben sich im Laufe der Zeit dorthin und fliegen vor dem zukünftigen Flugloch herum. Sobald die Fülle an Spurbienen eine gewisse Schwelle überschreitet, fällt offensichtlich die Entscheidung. Die Arbeiterinnen haben dann gewissermaßen mit ihren Flügeln abgestimmt. Es wird weder gezählt noch koaliert. Das Votum der Bienen ist mit rationalen Mitteln kaum nachzuvollziehen, jedenfalls konnten die Forscher zu diesem Thema bislang nur Vermutungen anstellen. Selbst der US-amerikanische Neurobiologe Thomas Seeley, der die Entscheidungsprozesse im Bienenschwarm zu seinem Hauptforschungsfeld machte, muss an dieser Stelle vage bleiben. Er schreibt über die im wahrsten Sinne des Wortes entscheidende Situation: „Die Kundschafterinnen nehmen auf irgendeine Weise wahr, wie

> Die Entscheidung fällt durch eine besondere Art des Quorums. Die Spurbienen stimmen ab, indem sie zu der neuen Niststelle fliegen.

viele Kolleginnen anwesend sind, wann die Schwelle überschritten ist und Handlung ansteht." Die Arbeiterinnen wissen dann plötzlich, dass es so weit ist. Allerdings geht es hier sicher nicht um ein analytisch erarbeitetes Wissen. Die Bienen fühlen vielleicht eine Gewissheit in der existenziellen Frage nach der neuen Behausung. Jedenfalls handelt es sich um einen Moment, den die Spurbienen kollektiv erfahren. Wodurch er letztlich ausgelöst wird und wie er sich anfühlen mag, bleibt uns verschlossen.

Aber dass die Entscheidung gefallen ist, kann eindeutig am Verhalten der Bienen abgelesen werden. Die Spurbienen fliegen nun eilig zum Schwarm zurück. Dort angekommen geben sie spezielle Pfeiftöne von sich, das Signal für die Traube, sich aufzuheizen und so den Abflug vorzubereiten. Etwa eine Stunde lang heizen die Bienen mit ihren Muskeln, dann ist es so weit. Auf der Traube beginnen nun Schwirrtänze, die sich nach innen fortsetzen. Das ganze Volk wird in Erregung versetzt. Die Anspannung ist jetzt förmlich greifbar. Aufbruchstimmung. Und dann, als wäre ein Startschuss gefallen, löst sich die Traube auf. Eine brausende Wolke aus 10.000 Bienen erhebt sich und zieht geradewegs durch die Landschaft zu ihrem Ziel.

Die Mehrzahl der Bienen des Volkes weiß nicht, wohin es geht. Sie haben die Schwänzeltänze nicht verfolgt. Aber selbst wenn, hätten die ihnen wenig gesagt, da die meisten Bienen altersbedingt die Landschaft noch nicht gründlich erkundet haben.

Wie teilen die Spurbienen dem Rest des Volkes mit, wo sich das neue Nest befindet?

Der Weg vom alten Nest zur Sammelstelle des Schwarmes war sehr kurz und die Zwischenstation wurde durch den Duft sterzelnder Bienen markiert. Beim sogenannten Sterzeln spreizen sie die hinteren beiden Rückenschuppen, um Duftstoff zu verströmen. Die neue Bienenwohnung kann jedoch bis zu fünf Kilometer weit entfernt liegen. Wo also nimmt der Schwarm seine in letzter Zeit geradezu sprichwörtlich gewordene Intelligenz her?

Thomas Seeley und Randolf Menzel konnten mit speziellen Kameras und einem Radargerät, das die Flüge der Bienen minutiös verfolgte, Licht in das Dunkel der Traube bringen. Die über das Ziel informierten Bienen – etwa ein bis zwei Prozent – verhalten sich auffällig anders als ihre Schwestern. Sie fliegen in der Schwarmwolke blitzschnell und für unser Auge unsichtbar in die angestrebte Richtung. Jeweils nur einen kleinen Teil des Weges. Dann warten sie auf den Rest des Volkes, das wesentlich langsamer unterwegs ist, oder fliegen ihm sogar ein Stück entgegen. Schließlich werden auf diese Weise die nächsten Wegstrecken in Angriff genommen, bis schließlich der neue Nistplatz erreicht ist. Dort wird wieder gesterzelt, damit alle zügig einziehen.

Auch das wird Schwarmintelligenz genannt, ist aber eher eine Art Herdentrieb. Der Bienenschwarm orientiert sich an einigen wenigen Informierten, die sich durch ihr sicheres und entschlossenes Auftreten zu erkennen geben. Ähnliches gibt es auch bei Menschen. Für ein Experiment mischten sich 200 Probanden unter die Fluggäste am Flughafen Köln/Bonn. Dann wurde Feueralarm ausgelöst. Unter den Fluggästen machten sich Orientierungslosigkeit und Panik breit, da man trotz aller Sicherheitshinweise eben doch in der Regel nicht weiß, wo die Notausgänge liegen. Einige der Probanden allerdings kannten diese sehr genau und steuerten sie zielstrebig an. Die Auswertung der Videoaufnahmen dieses Experiments ergab, dass sich das Chaos nach und nach auflöste, weil immer mehr den Informierten folgten, obwohl diese sich weder durch besondere Kleidung noch durch Rufe oder Gesten zu erkennen gaben. Nach demselben Prinzip folgt der Schwarm den Spurbienen. Die Intelligenz des Schwarmes besteht darin, dass die Bienen ihre jeweilige Rolle kennen. Die Intelligenz sitzt, anders als das Schlagwort vermuten ließe, nicht so sehr im Schwarm, sondern in jeder einzelnen Biene selbst, die aufgrund der Rahmenbedingungen sofort erkennt, wem sie in der Situation folgen muss.

Im Schwarm lassen sich die Bienen von sachkundigen Arbeiterinnen leiten. Sie werden von deren Intelligenz und Erfahrung regiert.

Die Schlussfolgerung aber, die Bienen ließen sich von einer kleinen Elite Informierter regieren, greift zu kurz. Denn nachdem das Volk sicher im neuen Nest angekommen ist, gehen die Spurbienen wieder im Gemeinwesen auf. Sie treten zurück in die Masse ihres Volkes und beteiligen sich für die ihnen noch bleibende Lebenszeit an der Nektarsuche. Obwohl sie das Überleben des Stocks ermöglicht haben, genießen sie weder Privilegien noch Meriten und werden auch nicht als Ratgeber in anderen Fragen gesucht.

Das Volk wird also nicht von Einzelnen regiert. Die Bienen vertrauen denjenigen, die sich mit einer Sache wirklich auskennen. Solange es um genau diese Sache geht, haben die Informierten das Sagen. Ändert sich die Lage, sind wieder andere Expertinnen gefragt, die ihre Qualifikation durch die Tat selbst beweisen. Spurbienen haben durch einen autobiografischen Lernprozess eine souveräne Kenntnis der Landschaft erworben, die sie befähigt, Nistplätze zu suchen. Die spezifische Intelligenz weniger Arbeiterinnen, ein neues Nest zu erkunden und über dessen Tauglichkeit abzustimmen, macht sie zu Regentinnen des Volkes – durch nichts anderes als durch ihre kompetente und im Sinne des Ganzen vernünftige Handlungsweise. Eine nicht ortskundige Biene würde sich niemals in die Verhandlungen über einen neuen Nistplatz einmischen, und selbst wenn, würde sie kein Gehör finden, weil sie nichts zur Lösung des drängenden Problems beizutragen hätte.

Im Alltag des Bienenstocks handeln die einzelnen Bienen aus sich heraus sinnvoll und vernünftig. So stehen die Ammenbienen in Hochzeiten der

Fruchtbarkeit des Volkes vor der Aufgabe, bis zu 15.000 Brutzellen zu versorgen. Die Zusammensetzung des benötigten Futters wechselt dabei. An den ersten drei Tagen brauchen die Arbeiterinnenlarven eine bestimmte Mischung aus Drüsensekreten der Ammenbienen. Danach wird diese Milch zunehmend durch einen Brei aus Honig und vergorenem Blütenpollen, dem Bienenbrot, ersetzt.

> Schwarmintelligenz zeigt sich im koordinierten intelligenten Verhalten von Bienen, nicht nur in der Extremsituation des Schwarmes, sondern auch im Alltag des Bienenstocks.

Wie lösen die Ammenbienen nun dieses Versorgungsproblem? Bürokratisch-analytisch, indem sie die Zellen auf den Waben in verschiedene Zuständigkeitsbereiche einteilen und sich eine bestimmte Zahl von Ammenbienen für die Versorgung in einem exakt umrissenen Bereich für einen Tag verantwortlich erklärt? Diese Option würde möglicherweise von einem Krankenhausmanager oder einem Restaurantleiter für gut befunden werden. Die Bienen aber wählen einen Weg, der erfrischend anders ist. Sie kommen ohne einen Controller aus, der die Aufgaben verteilt.

Die Brutversorgerinnen untereinander praktizieren keine Arbeitsteilung in jenem Sinn, dass sie etwa ihren Bereich nach Raum und Zeit von dem der Kolleginnen abgrenzen und schließlich Feierabend machen, sobald sie ihre Aufgaben erfüllt haben. Jede Einzelne erkennt den Bedarf und so kümmern sie sich gemeinsam darum, dass die Brut möglichst gut genährt wird. Ammenbienen laufen über die Wabenfläche und versorgen die Brutzellen, in denen es an Futter mangelt. Sie geben immer dort dazu, wo etwas fehlt. Und zwar genau das Richtige. Diese wirkungsvolle Lösung des Verteilungsproblems erfordert ein hohes Maß an Aufmerksamkeit.

Auch bei der Wärmeregulation lassen sich die Bienen vom Bedarf leiten. Die Heizerbienen separieren sich nicht in einer eigenen Abteilung, die den gesamten Stock erwärmt, sondern sie mischen sich unter das Wabenvolk. Ähnlich den Ammenbienen laufen sie über die Waben. Plötzlich bleiben sie stehen und beginnen zu heizen. Sie merken, wo es zu kalt ist, und geben sofort Wärme hinzu, wo immer sie fehlt. Die Bienen pressen ihren Brustkörper auf verdeckte Brutzellen oder schlüpfen in freigebliebene Zellen in der Brutfläche. Für bis zu 30 Minuten können sie ihre Flugmuskulatur durch Kontraktionen auf 43 Grad erhitzen. Diese spezielle Art der Wärmeregulation bei Bienen und Hummeln wurde bereits in den 1970er-Jahren durch den US-amerikanischen Forscher Bernd Heinrich aufgeklärt und später durch den Würzburger Biologen Jürgen Tautz vertieft.

Die Bienen stellen die Temperatur genauer ein, als es moderne Heizungen in unseren Wohnhäusern vermögen. Damit sich die Brut gesund entwickelt, wird sie auf wenige Zehntel Grad genau geregelt. Jede Biene ist als Sinnesartistin Thermostat und Heizung zugleich. Und wenn es im Hochsommer erforderlich ist, kühlen die Bienen auch. Sie sammeln dann Wasser und verdunsten es im Stock.

Obwohl man im Bienenstock nirgends eine hierarchische Befehlskette entdecken kann, kursiert doch die Rede von der Bienenkönigin. Als wäre sie das Oberhaupt und die Arbeiterinnen ihre Untertanen. Ähnlich gestaltet sich der Bedeutungshorizont bei dem Wort „Weisel", das synonym zur Bezeichnung der Bienen- und Ameisenkönigin verwendet wird. Wīsil im Althochdeutschen respektive wīsel im Mittelhochdeutschen steht für den Wissenden, für denjenigen, der den Weg kennt und deshalb die Richtung vorgibt. Das ist für die Königin zu viel der Ehre. Ihre Aufgabe im Bienenstock besteht primär darin, genügend Eier zu legen, sie zu befruchten oder eben nicht. Aus ihrer Brut schlüpfen Arbeiterinnen, Drohnen und zu guter Letzt auch Königinnen. Je nach

Bedarf. Außerdem gibt sie dem Volk durch ihre Pheromone eine Identität. Doch die Putzbienen, die Sammlerinnen oder die Drohnen sind nicht weniger wichtig als die Königin.

Evolutions- und Soziobiologen nennen das Bienenvolk einen Superorganismus, weil hier etwas Neues entstanden ist, das aus seinen Bestandteilen allein nicht zu erklären ist: ein sogenanntes Emergenz-Phänomen. Ein Volk von Bienen weist andere Fähigkeiten und Eigenschaften auf

> Das Bienenvolk wird als Superorganismus bezeichnet. Individuelle Fähigkeiten der Bienen verknüpfen sich zu einer kollektiven Intelligenz.

als die einzelnen Tiere. Eine Biene für sich ist wechselwarm, das heißt, sie kann ihre Körpertemperatur nicht konstant halten. Anders als der Superorganismus, der im Zusammenwirken aller Beteiligten eine nahezu perfekte Thermoregulation hinbekommt. Bei der Fortpflanzung, der Nahrungssuche oder der Vorratsproduktion sieht es nicht anders aus. Das Ganze ist mehr als die Summe seiner Teile.

Betrachtet man das Volk, so lebt es auf einem hohen organisatorischen Niveau. Arbeiterinnen, Drohnen und Königin sind keine Teile eines Apparates, sie sind Organismen. Sie sind Lebewesen, die einander wahrnehmen und in Beziehungen miteinander treten. Zu Tausenden, in einer für uns unvorstellbar differenzierten Art und Weise. Sie handeln lern- und anpassungsfähig auf Grundlage einer genetisch verankerten Intelligenz, die sich am Erfolg des Ganzen orientiert.

So wie Säugetiere bildet auch der Organismus Bienenvolk Organe. Sie sind aber nicht vom Rest des Organismus durch eine Haut abgegrenzt und bestehen auch nicht aus bestimmten Zellen. Die Zellen seiner Organe sind Bienen. Und zwar im ständigen Wechsel. Unentwegt halten sie das notwendige Wärmeniveau, füttern die Larven, bewachen das Flugloch usw. Diese Organe des Bienenvolkes sind funktioneller Natur. Mit der beginnenden naturwissenschaftlichen Erforschung der Bienen wurden sie Ende des 19. Jahrhunderts erstmalig beschrieben. Die bis heute wissenschaftlich nicht vollends zu fassende Wirklichkeit des Organismus Bienenvolk wurde „der Bien" genannt und schon damals als ein Lebewesen verstanden, das sich auf einer höheren Entwicklungsstufe als die einzelne Biene befindet. Vorreiter für dieses Verständnis war der Thüringer Pfarrer Georg Ferdinand Gerstung (1860–1925), seines Zeichens „Großmeister der Bienenzucht".

Ohne die einzelnen Bienen gäbe es das Ganze nicht. Andersherum gibt es auch keine Honigbiene ohne ein Volk. Alleine kann weder die Arbeiterin noch der Drohn und ebenso wenig die Königin existieren. Deswegen leben die Bienen nicht nur miteinander, sondern auch füreinander und sterben gemeinsam in einer unüberwindlichen Krise. Wird aufgrund ungünstiger Witterungsbedingungen oder anderer äußerer Einflussfaktoren das Futter knapp, hungert das ganze Volk. Die restlichen Vorräte werden gleichmäßig verteilt. Bis zum letzten Honigtropfen und dem letzten Krümel Bienenbrot. Ist alles aufgebraucht, geht das Volk gemeinsam unter. Selbst wenn es eine egoistische Arbeiterin gäbe, der es gelänge, einen Honigtopf vor ihren Schwestern zu verstecken, würde es ihr nichts nützen. Sie würde vielleicht ein oder zwei Tage länger leben als die anderen Bienen. Doch ohne die vielfältigen Fähigkeiten, die nur das gesamte Volk zu entfalten in der Lage ist, würde sich ihr Schicksal rasch vollenden und sie müsste alleine sterben.

Thomas Seeley beschreibt dies folgendermaßen: „Es [das Bienenvolk] ist ein zusammengesetztes Lebewesen, das als integriertes Ganzes funktioniert. Man kann sich eine solche Kolonie durchaus als ein einziges lebendes Gebilde vorstellen." Bei diesem Thema scheiden sich die Geister. Zumeist wird das Ganze als Resultat des Verhaltens Einzelner erklärt und das entstehende Ganze als Emergenz-Phänomen bezeichnet. Dem Lebewesen Bienenvolk, traditionell der Bien, wird eine eigene Entität als empfindendes und sich selbst steuerndes Lebewesen abgesprochen. Dass damit aber die volle Wirklichkeit erfasst wird, erscheint manchen Wissenschaftlern fragwürdig. Warum beide Positionen gegeneinander ausspielen? Vielleicht ist die Wirklichkeit des Lebendigen als Spiel zwischen beiden Aspekten zu beschreiben.

Das obige Zitat stammt aus Seeleys Buch „Bienendemokratie". Sicher, der Transfer von Begriffen aus ihren angestammten Bedeutungsbereichen schafft in der Regel mehr Verwirrung als Einsicht. Zumal wenn der Begriff, wie der der Demokratie, eine Form des menschlichen Zusammenlebens beschreibt, das sich als Kulturphänomen prinzipiell von den Geschehnissen in der Natur unterscheidet. Während wir Menschen mit verschiedenen Regierungsformen, künstlerischen Werken, der Sprache oder dem Bankkonto Dinge entwickelt

> Inspiration Biene: Beim Ringen um Zusammenarbeit in einem Gemeinwesen können wir Menschen uns einiges von den Bienen abschauen.

haben, die nicht in unserem Gencode stehen, können die Bienen nicht anders, als sich im Superorganismus zu organisieren. Seit 45 Millionen Jahren. Unverändert. Wir Menschen hingegen müssen für eine auf Emanzipation hin ausgerichtete Gesellschaft, die jedem Einzelnen gleiches Recht garantiert, kämpfen.

Allerdings können wir uns dafür einiges von den Bienen abschauen. Den Informierten zu folgen, reicht dabei allerdings nicht. Eigenverantwortung und Initiative des Einzelnen sind gefragt. Mit Bereitschaft zu Kooperation und Dialog. Auf einige entscheidende Aspekte können die Spurbienen bei der Suche nach einem neuen Nistplatz aufmerksam machen. Sie drängen den anderen ihren Vorschlag nicht auf. Sie bieten lediglich nach bestem Wissen an, was sie für den geeignetsten Ort halten.

Ob er schließlich als neue Wohnung auserkoren wird, hängt von der Zahl der Nachfolgerinnen ab, die ebenfalls für diese Stelle tanzen.

Persönliche Eitelkeiten haben hier nichts verloren. Deswegen wird auch die Evaluation der potenziellen neuen Niststellen nicht als Kritik an der vorschlagenden Spurbiene verstanden, sondern als hilfreiche Einschätzung der Lage zum Wohle aller. Bienen können nicht anders, sie sind abhängig voneinander.

Bei menschlicher Zusammenarbeit gelingt Derartiges am ehesten in einem überschaubaren Kontext, mit dem verbindenden Bewusstsein von einem gemeinsamen Ziel und dem Wissen, dass es einer allein nicht zustande bringt. Der Jenaer Soziologe Hartmut Rosa spricht dann von einem Resonanzraum, in dem ein dynamischer Prozess der Bildung einer Übereinkunft stattfindet. Die gegenseitige Offenheit und Wahrnehmung der Spurbienen beim Quorum am zukünftigen Nistplatz kann auch als ein summender Resonanzraum begriffen werden.

Das Bienenvolk demonstriert, wie man auch ohne Perfektionismus und Kontrolle erfolgreich sein kann.

Eine besonders sympathische Lehrstunde geben die Bienen mit einer Tugend, die man vom Volk der Honigproduzentinnen nicht erwarten würde. Erstaunlicherweise legen sie nämlich keinen Wert auf Perfektionismus. Von der Brutpflegerin bis zur Spurbiene macht jede einfach alles so gut es eben geht. Wenn das Gewitter naht, sind sie mit der zweitbesten Wohnung zufrieden. Bei schlechter Nektar- und Pollenversorgung bekommen alle Larven weniger Futter. Es ist gewissermaßen eingepreist, dass nicht immer das Optimum erreicht werden kann. Mit achtsamem Verhalten werden Schieflagen möglichst ausgeglichen, bei Defiziten wird aber nicht nach Verantwortlichen für den Missstand gesucht. Die Bienen begnügen sich mit dem Möglichen.

Auch wenn viele dieser Aspekte im gesamtgesellschaftlichen Zusammenhang als Utopie gelten mögen, sind sie in modernen Unternehmen oft sehr gefragt. Die hierarchisch organisierten Riesen des Industriezeitalters stehen unter gehörigem Druck, sich umzustrukturieren. Bei Strafe des eigenen Untergangs muss die stratifikatorische Organisation der Befehlsketten umgebaut werden zu einer Vernetzung auf Augenhöhe. Heutige Börsenschwergewichte wie Apple oder Facebook profitieren von dem Prinzip. „Leading from every seat" heißt es bei einem weltweit agierenden Versicherer. Nach dem eingängigen Beobachtungskalkül des Systemtheoretikers Dirk Baecker gilt es bei einem Unternehmen immer zu fragen: Wer darf wen bei der Arbeit stören? In den alten Unternehmen ist die Frage durch die Hierarchie beantwortet: Nur der jeweils Ranghöhere darf plötzlich und ungebeten beim Untergebenen auftauchen. Im vernetzten Unternehmen gestaltet sich dieser Prozess völlig anders. Hier darf jeder jeden bei der Arbeit stören. Wie sehr dieses hohe Maß an Irritation gewollt ist, zeigt emblematisch die Tatsache, dass der Schreibtisch von Facebook-Chef Mark Zuckerberg mitten in einem der gewaltigen Großraumbüros seines Unternehmens steht. Das Management versteht es, das kreative Potenzial der Einzelnen zu aktivieren und damit eine marktbeherrschende Stellung einzunehmen. Beim Sharing, der Gewinnverwendung, fehlt dem Unternehmen jedoch das soziale Gen der Bienen.

> Moderne Unternehmensführung verfolgt bereits Strategien, die man auch im Bienenvolk beobachten kann.

Das Unternehmen der Zukunft ist für Peter Senge vom Massachusetts Institute of Technology eine lernende Organisation, die nicht auf die Spitzenleistung Einzelner baut. Vielmehr ist das Potenzial aller Beteiligten willkommen und Kontroverses ausdrücklich erwünscht. Im Unternehmens-Organismus wird das Team zu einem kreativen Organ, das innovative Leistungen in einem schöpferischen Prozess hervorbringt, weil es mit der Vision des Unternehmens verbunden ist. Und zwar nicht abstrakt, sondern als kraftvolle persönliche Erfahrung eines Ganzen. Das erfordert systemisches Denken und eine Transformation der

Haltung aller Beteiligten. Senge vergleicht den Prozess mit der Meta-morphose einer Raupe zum Schmetterling.

Der Ökonom und Management-Berater Otto Scharmer, ebenfalls vom Massachusetts Institute of Technology, macht diese Sichtweise stark, wenn er schreibt: „Wir müssen wahrnehmen lernen, welches un-gesehene Zukunftspotenzial in einer Situation verborgen ist." Diese Fähigkeit bezeichnet er als Presencing. Sie sei der Schlüssel für das Unternehmen 4.0, das in einem immer dynamischer werdenden Umfeld agiert. Wie die Bienen auch, die mit ihrer meisterhaften Wandlungs-fähigkeit und Kooperation zeigen, was Resilienz bedeutet, und so ein erfolgreiches Unternehmen 4.0 führen.

Wo aber wird eigenverantwortliche Entwicklung von Fähigkeiten und Haltung gelernt? Die Schule wäre der geeignete Ort dafür. Dafür aber müsste sich der Lehrer zum Gastgeber wandeln. Dieser vom Erziehungswissenschaftler Reinhard Kahl vorgeschlagene Rollenwechsel ist unmit-telbar einleuchtend. Die Schule als Gasthaus! Dort trifft man keine still sitzenden Schüler an, die frontal belehrt werden. Vielmehr finden die Kinder im Schulgasthaus heraus, was sie lernen

> Das Bienenvolk demonstriert, wie der Grundwiderspruch zwischen den Bedürfnissen nach Autono-mie und Verbundenheit versöhnt werden kann.

wollen. Sie haben nämlich Lust daran, die Welt zu entdecken und zu begreifen. Von sich aus. Sie sind intrinsisch motiviert, auch dazu, aus dem Misslingen zu lernen. Fehler können Freunde werden. Der Funke des Lernen-Wollens entspringt dem Tun, nicht dessen nachgelagerten Zwecken. Gastgeber dafür zu sein bedeutet, Angebote zu schaffen, die locken und den individuellen Interessen entgegenkommen. So drückt sich Respekt vor den und Vertrauen in die sich selbst entwickelnden Persönlichkeiten aus. Im Sinne von Hartmut Rosa gilt es also auch, bei der Bildung einen Resonanzraum zu schaffen. Und zwar für den Schüler-Schwarm, in dem die Freude am Teilen des Gelernten und am

Miteinanderlernen entdeckt wird. Jede Biene findet selbst ihre schönsten Blüten und saugt den Nektar in tiefen Zügen. Sie reift ihn zum Honig, lagert ihn ein, verfüttert ihn oder nascht ihn einfach selbst.

Jedem Lernen und jeder Begegnung in einem Resonanzraum stehen Ängste entgegen: Angst durch schmerzliche Erfahrungen, vor Verlust, Abhängigkeit oder Bürokratie. Angst ist es auch, die manche Menschen, die großes Interesse an Bienen haben, von deren Haltung abhält. Arbeiterinnen haben Stachel. Jede hat einen. Und spätestens seit Schnurrdiburr von Wilhelm Busch wissen wir doch, wie schmerzhaft sie ihn gegen Störenfriede einsetzen. Imker leben damit. Manche verkleiden sich, andere wagen und schätzen es, ihren Völkern unverschleiert zu begegnen.

Imker berichten immer wieder von den verschiedenen Charakteren ihrer Völker. Einige sind eher sanftmütig, andere unruhig auf der Wabe, nervös oder aggressiv. So verwundert es nicht, dass die Sanftmut eines Bienenvolkes bei der Zuchtwertschätzung mit einem Punktesystem bewertet wird. Zusammen mit den anderen Verhaltensparametern ergibt sich ein recht zutreffendes Bild ihrer spezifischen Charaktere. Allerdings weiß jeder Imker, dass seine Bienen auf Besucher dennoch sehr unterschiedlich reagieren können. In einem größeren Imkereibetrieb mit mehreren Praktikanten oder Lehrlingen zum Beispiel zeigt es sich deutlich, dass manche öfter gestochen werden als andere.

Offenkundig hängt das Verhalten der Bienen auch von den Menschen ab. Der Bien nimmt also Eigenschaften des Imkers auf und spiegelt ihm etwas davon durch sein Verhalten zurück. Wie der Superorganismus eine derart koordinierte Sensitivität vollbringt, liegt im Dunkel der naturwissenschaftlichen Forschung. Hartmut Rosa würde wohl von verschieden klingenden Resonanzräumen sprechen. Angst versperrt diese Räume. Sympathisch offenherzige Zuwendung öffnet sie. Der Imker hat kein direktes Gegenüber. Die Begegnung mit dem Bien ist anderer Art, denn das Volk umgibt ihn, wenn er mit ihm arbeitet. Er steht in einem tausendfach summenden Resonanzraum. Wenn er die Angst vergisst, kann er in diesen Raum hineinspüren. Es ist ein wenig wie Einswerden. Dieses Glück ist mächtiger als der Schmerz gelegentlicher Stiche.

WAS BIENEN
KRANK MACHT

WAS BIENEN
KRANK MACHT

Einige Ammenbienen laufen über die
Brutwabe im Zentrum des Volkes.
Akkurat ineinander verschränkt liegen dort die sechseckigen Zellen
nebeneinander – passgenau. Einige Zellen sind leer, andere mit leicht
gewölbten Wachsdeckeln verschlossen. Auf der Wabe herrscht eine recht
entspannte Atmosphäre. Vereinzelt schlüpfen Heizerbienen in leere
Zellen und wärmen die Brut. Ein gleichmäßiges Summen ist zu hören.

Doch plötzlich regt sich etwas. Erst kaum merklich, dann immer hef-
tiger. Der Deckel einer Brutzelle bricht auf. Ein Loch entsteht, die
Mandibeln einer Biene zeigen sich. Mit ihren Mundwerkzeugen knab-
bert sie den Deckel weg. Immer wieder gönnt sie sich eine Pause, um
neue Kraft zu schöpfen. Schließlich schiebt sie ihre Fühler und dann
auch den ganzen Kopf in die Wabengasse und windet sich mühevoll aus
der Zelle. Nach wenigen unsicheren Schritten bleibt sie stehen. Sie unterscheidet sich von ihren frisch geschlüpften Schwestern, die sogleich
ihr Haarkleid putzen und munter über die Wabe laufen. Dort, wo die
Schwestern ihre Flügel haben, hängen bei ihr nur kleine Fetzen herab.
Niemals wird sie sich in die Lüfte erheben können. Aber davon scheint
sie nichts zu wissen. Am Flugbrett wird sie es dennoch versuchen. Doch
so heftig sie dann auch ihre verkrüppelten Flügel zu schlagen versucht,
sie wird zu Boden fallen und verhungern oder zur leichten Beute eines
Vogels werden.

Was war geschehen? Vor der Verdeckelung der Brutzelle war eine Milbe in die Zelle geschlüpft und hatte sich unter der Larve versteckt, um sich dort zu vermehren. Schutzlos war ihr die Brut in den folgenden zwölf Tagen bis zum Schlupf der Biene ausgeliefert. Varroa heißt dieser Parasit, dessen Lebenselixier der Fettkörper der erwachsenen Bienen ist. Davon saugt sie so viel sie bekommen kann, denn die Fette sind nahrhaft. So sehr dies die Varroa-Milbe stärkt, schädigt es die Biene. Der Angriff auf den Fettkörper, der für die Biene ähnlich wichtig ist wie die Leber für den Menschen, schwächt sie. Doch daran stirbt die Biene nicht. Sie geht an den Viruserkrankungen zugrunde, mit denen die Milbe die Bienenbrut infiziert. Der Flügeldeformationsvirus verhindert die normale Flügelentwicklung. Andere Viren stören das Orientierungsvermögen der Sammelbienen oder verkürzen die Lebensdauer, was zu einem raschen Ende des Bienenvolks führen kann.

Ausgerechnet Forscher vom Bieneninstitut Oberursel schleppten die Varroa-Milbe 1977 aus Asien ein. Für Untersuchungen brachten sie mehrere Stöcke der Östlichen Honigbiene (*apis cerana*) nach Deutschland. Später trat ein weiterer Verbreitungsherd auf. Die DDR importierte Bienenvölker aus der UdSSR, die ebenfalls Milben im Gepäck hatten. Bei der Östlichen Honigbiene schädigt Varroa lediglich die Drohnenbrut. Doch diese Völker besitzen raffinierte Strategien, damit der Effekt auf den gesamten Stock begrenzt bleibt. Bei starkem Befall verschließen sie beispielsweise die betroffenen Brutzellen luftdicht. Daraufhin erstickt zwar die Brut, aber eben auch die Milben. So kann Varroa dem Bienenvolk kaum schaden. Anders ausgedrückt besteht zwischen der Östlichen Honigbiene und der Milbe ein Parasit-Wirt-Gleichgewicht.

Die Westliche Honigbiene (*apis mellifera*), die weltweit zur Honigproduktion genutzt wird und inzwischen, mit Ausnahme von Australien, überall von Varroa befallen ist, kennt oder nutzt diese Strategien nicht. Schon wenige Monate nachdem die Bienenforscher die Milbe nach Deutschland gebracht hatten, waren Hunderte Völker betroffen. Anders als bei der Östlichen Honigbiene befällt Varroa jedoch nicht nur die Drohnenbrut, sondern auch die Arbeiterinnen. So stehen der Milbe viel mehr potenzielle Wirte zur Verfügung. Bei den erwachsenen Tieren saugt sie sich am Übergang der Segmente des Chitinpanzers fest, dort, wo er weich und dünn ist. Das gesamte Volk – von der Larve bis zur Sammlerin – kann also von Varroa angegriffen werden. Dieser aus Sicht der Milben außerordentlich erfolgreiche Wirtswechsel ist für die Westliche Honigbiene verheerend, denn sie ist dem Parasiten hilflos ausgeliefert. Die Völker verenden, sobald ein Großteil der Bienen an den Sekundärinfektionen erkrankt und stirbt.

Aus Sorge vor einem massiven Verlust der Bienenpopulation wurde in Deutschland eine Bekämpfungspflicht eingeführt. Inzwischen ist die Varroa-Milbe aggressiver geworden. Daher werden die Völker in der Regel zweimal pro Jahr behandelt, um den Befall so gering zu halten, dass sie im folgenden Frühling noch leben und ertragsfähig sind. Doch hier kommt eine grausige Ironie des Schicksals zum Tragen: Je stärker man Varroa bekämpft, umso mehr erschwert das den Anpassungs-prozess zwischen Biene und Milbe. Als unerwünschtes Nebenprodukt dieser Maßnahmen können Honig und Wachs Spuren der verwendeten Arzneien enthalten. Zudem belasten alle Behandlungsmittel, seien sie ökologisch zertifiziert oder nicht, das Volk.

Diese Vorgehensweise hätte Mahatma Gandhi vielleicht so kommen-tiert: „Auge um Auge, und die Welt wird blind!" Aber muss man sich nicht seiner Feinde erwehren? Wie soll es anders gehen? Gandhi vertrat den Weg der unbedingten Gewaltfreiheit zur Konfliktlösung. Für ihn gab es keinen Weg zum Frieden, sondern Frieden war der Weg. Bieneninstitute, Imkerverbände und die Veterinärbehörden entschieden sich hingegen für das Auge-um-Auge-Prinzip und sagten den Milben den Kampf an. Nur wenige Imker hatten den Mut, nach anderen Wegen zu suchen, die eher am ghandischen Ideal orientiert waren.

> Systemische Selbstheilungskräfte der Natur können zu einer Varroa-Toleranz führen.

Dazu gehörten der österreichische Berufsimker und Bienenzuchtberater Josef Bretschko sowie die Gründer der Vereinigung für wesensgemäße Bienenhaltung, dem späteren Mellifera e. V. Ihre Versuche endeten allerdings mit einem herben Rückschlag und die nicht behandelten Völker gingen zugrunde. Dennoch hatte die Sache ihr Gutes. Infolge dieser Erfahrungen wurde bei Mellifera 1985 begonnen, alle Maßnahmen der konventionellen imkerlichen Praxis auf den Prüfstand zu stellen. Als Resultat dieser kritischen Analyse entstanden die Prinzipien der wesensgemäßen Haltungsmethode, bei der die Bienen möglichst wenig Stress ausgesetzt werden sollten und ökologische Verfahren der Varroa-Behandlung entwickelt wurden.

In den 1990er-Jahren erforschte Thomas Seeley wildlebende Honigbienen im Arnot Forest im Staat New York. Damals breitete sich Varroa erstmalig in dem großen Waldgebiet aus, wodurch fast alle der beobachteten Kolonien starben. Aus den überlebenden Völkern entwickelte sich jedoch in den folgenden 30 Jahren eine stabile Bienenpopulation. Da Seeley alte Bienenproben der beobachteten Nester aufbewahrt hatte, konnte molekulargenetisch geklärt werden, dass es sich dabei nicht um eine Einwanderung fremder Bienen in den Wald handelte. Die systemischen Selbstheilungskräfte der Natur hatten also zu einer Varroa-Toleranz geführt.

Neben der genetischen Selektion als Anpassung an Varroa sind weitere Faktoren für das Überleben der Bienenvölker entscheidend. So muss die Größe der Bienenbehausung wesentlich kleiner sein als in der Imkerei heute üblich. Dadurch kommen die Völker rascher in Schwarmstimmung und teilen sich zumindest einmal im Jahr. Zudem sind die Brutnester in engeren Wohnungen kleiner. Beides hemmt die Vermehrung der Milben. Solche kleinen Völker sind jedoch für den Imker uninteressant, da sie nicht genügend Honig bringen.

Ein weiterer Faktor für die Varroa-Toleranz war die geringe Besiedlungsdichte des Waldes mit etwa einem Bienenvolk pro Quadratkilometer. Auf einer vergleichbaren Fläche leben heute, insbesondere in Gebieten mit guter Tracht, durchaus 100 Völker. Bei besonders großem Nahrungsangebot können es in Deutschland vorübergehend auch bis zu 1.000 sein. Ein wahres Paradies für Milben und andere Krankheiten, die sich unter solchen Bedingungen rasch ausbreiten. Und dies wird zudem im großen Stil von Menschen unterstützt. So ist der Frankfurter Flughafen im Frühjahr Umschlagplatz für Tausende sogenannte Kunstschwärme, die aus fernen Kontinenten nach Deutschland geliefert werden.

Auch an anderen Stellen zeigen sich die Nebenwirkungen des wirtschaftlichen Fortschritts. Jedes Mal, wenn Bienen eine mit Pestiziden behandelte Blüte küssen, saugen sie mit dem Nektar verschiedene Gifte ein und tragen kontaminierten Pollen nach Hause. Das vom Bundesministerium für Landwirtschaft und Ernährung sowie den Bundesländern geförderte Kooperationsprojekt „Deutsches BienenMonitoring", in dem renommierte Forschungseinrichtungen von Bayern bis Mecklenburg-Vorpommern zusammenarbeiten, publizierte für das Jahr 2018 erschreckende Zahlen: Insgesamt enthielten die von den Bienen eingetragenen Pollen 90 verschiedene Pestizidwirkstoffe. 92,3 Prozent der erhobenen Proben waren belastet. Durchschnittlich fanden sich fast sechs verschiedene Wirkstoffe in einer Probe, maximal waren es 33 Wirkstoffe gleichzeitig. Noch mehr Zahlen: Francisco Sánchez-Bayo und Kris A. G. Wyckhuys von der Universität Sydney werteten in einer 2019 publizierten Meta-Studie 73 weltweit verfasste Arbeiten zum Insektensterben aus. Ihr Resümee lässt an Deutlichkeit nichts zu wünschen übrig: 40 Prozent aller Insektenarten werden in den nächsten Jahrzehnten von der Erde verschwinden, wenn Pestizide weiter so massiv eingesetzt werden wie bislang.

Die Gruppe der gegenwärtig wirksamsten und im großen Stil eingesetzten Insektenvernichtungsmittel heißt Neonicotinoide. Die Stoffe dieser Wirkgruppe heften sich an den sogenannten nikotinischen Acetylcholinrezeptor, der in den Neuronen-Netzwerken der Insekten eine entscheidende Rolle spielt. Anders als das in den 1970er-Jahren verbotene Dichlordiphenyltrichlorethan (kurz DDT) ruft es beim Menschen erst in sehr hohen Konzentrationen schädliche Effekte hervor. Dagegen wirken Neonicotinoide bei Insekten als Nervengifte, indem sie einen Dauerreiz an den Nervenzellen verursachen. In der Folge können die betroffenen Nervenzellen nicht mehr reagieren. Sie brennen gewissermaßen durch wie bei einem Kurzschluss die Sicherung. Die synaptische Signal- und Informationsweiterleitung wird unterbunden und die Insekten sterben.

> Neonicotinoide wirken als Nervengifte. Selbst in geringsten Dosen schädigen sie das Gedächtnis und die Kommunikationsfähigkeit der Bienen.

Trotzdem bewerben Pharmafirmen frei verkäufliche Neonicotinoide mit dem Aufdruck „Schont Bienen und Hummeln!". Von der zuständigen Risikobewertungsstelle des Bundes in Braunschweig bekommen solche Produkte sogar das Siegel „Nicht bienengefährlich". Manch einer fragt sich, ob hier der Bock als Gärtner agiert, weil die Unternehmen die Risikoprüfungen oft selbst finanzieren. Unabhängige Forschungen kommen hingegen zu gegenteiligen Ergebnissen. Die zur Risikobewertung üblicherweise herangezogene tödliche Dosis (LD 50), bei der bei einem der Wirkstoffe die Hälfte aller Bienen im Laborversuch stirbt, liegt bei 15.000 Nanogramm pro Biene. Doch verschiedene Arbeitsgruppen unter der Leitung des Neurobiologen Randolf Menzel von der Freien

Universität Berlin fanden heraus, dass der chronische Einsatz des Nervengiftes, mit dem es die Bienen in der Landschaft zu tun bekommen, bereits bei einem Bruchteil dieses Wertes Schädigungen verursacht. Schon bei 64 Nanogramm pro Tier lassen sich massive Ausfälle bei der Gedächtnisbildung und dem Gedächtnisabruf der Bienen nachweisen. 170 Nanogramm, also gerade mal ein Neunzigstel der letalen Dosis, genügen, damit die Bienen den für das Volk überlebenswichtigen Schwänzeltanz einstellen. Die langfristige Aufnahme von Neonicotinoiden bewirkt also auch schon bei sehr geringen Dosen dramatische Effekte.

Nachdem unabhängige Forscher diese sogenannten subletalen Effekte bei bestimmten Wirkstoffen nachweisen konnten, wurden nach jahrelangem Engagement zivilgesellschaftlicher Organisationen die drei gefährlichsten Neonicotinoide 2013 von der EU verboten. Einer dieser Wirkstoffe, das Imidacloprid, ist Wissenschaftlern der Universität Utrecht zufolge 7.297-mal so giftig für Insekten wie das weltweit längst geächtete DDT. Die für das Zulassungsprozedere von Pestizidwirkstoffen zuständige Europäische Behörde für Lebensmittelsicherheit EFSA (European Food Safety Authority) empfahl der EU-Kommission, Konsequenzen aus den Defiziten bei der Pestizidkontrolle zu ziehen, und legte dafür 2013 ihr „Bee Guidance"-Dokument vor. Damit sollte geregelt werden, wie solche schädigenden Effekte bei Honigbienen, Hummeln und solitären Bienen ausgeschlossen werden können. Die von der Behörde vorgeschlagenen Maßnahmen werden bisher nur teilweise umgesetzt.

Die Daten von Randolf Menzel zeigen eindrücklich, was in der Toxikologie gut bekannt ist: Bei ständigen Belastungen durch Gifte gibt es im Prinzip überhaupt keine unteren Schwellenwerte mehr. Auch bei kleinsten Dosen können sich hier dramatische Effekte einstellen. Ist die Umwelt mit langlebigen Gehirngiften kontaminiert, hat dies auch nachhaltig negative Folgen für die Bienen. Im Superorganismus betrifft das nicht nur die einzelnen Sammlerinnen, die mit den Stoffen direkt in Kontakt kommen, sondern das ganze Volk. Denn 90 Prozent des belasteten Nektars und Pollens laden die Arbeiterinnen im Stock ab, wo ihre Schwestern die Stoffe verarbeiten und verteilen. Der gesamte Superorganismus wird so geschädigt, was sich zuerst in der Kommunikation der Bienen zeigt. Wie sollen nun aber die permanent unter dem Einfluss von Nervengiften und anderen Wirkstoffen stehenden Bienen die Resilienz des Volks gewährleisten und ihr eigenes Immunsystem stabil halten? Wie sollen sie unter solchen Umständen ihre Abwehrkräfte stärken, um mit Varroa, Virusinfektionen und anderen Bienenkrankheiten fertigzuwerden?

Die gegenwärtig überwiegend praktizierte Agrarwirtschaft lässt sich ohne den flächendeckenden Einsatz von Pestiziden nicht denken. Besonders schwer wiegt der Umstand, dass Neonicotinoide nicht nur nach Bedarf bei einem tatsächlichen Schädlingsbefall angewendet werden, sondern auch prophylaktisch. Technologisch perfektioniert wurde das durch eine spezielle Beizmethode, mit deren Hilfe die Neonicotinoide bereits an das Saatgut geklebt werden. Gedeiht der behandelte Samen zu einer Pflanze, breitet sich das geruch- und geschmacklose Insektenvernichtungsmittel in Stielen, Blättern und Blüten aus. Auf den Feldern stehen dann wunderschön blühende Pflanzen, die giftig für die Insekten sind, die sie anlocken.

> Der Einsatz von Pestiziden ist systemrelevant für die industrielle Landwirtschaft.

Der Einsatz von Pestiziden ist jedoch systemrelevant für die heutige Art der Landwirtschaft. Nur mit Insektiziden, Herbiziden und Fungiziden können Äcker bewirtschaftet werden, auf denen außer einer einzigen Nutzpflanze kein anderes Kraut mehr gedeiht. Solche sauberen Äcker sind eine beeindruckende Leistung der Agrartechnik und Agrarchemie. Nahrungsmangel für blütenbestäubende Insekten im Allgemeinen und eine besonders dramatische Situation für solitäre Bienen im Besonderen sind aber die Folge. Durch die Flurbereinigung und die Verdrängung kleinerer bäuerlicher Betriebe gehen die Habitate von solitären Bienen, Hummeln, Reptilien und Kleinsäugern verloren. Nicht nur das Summen und Brummen verstummt, auch über den Äckern wird es still. Alteingesessene Feldvögel wie die Lerche finden kaum noch Futter. Sie alle brauchen Hecken, Brachland, Tümpel und Gräben, in denen sie ungestört nisten können. Auf den bereinigten Äckern bleibt auch für die Bienen in der Regel nichts mehr übrig. Eine Ausnahme wäre der gelb blühende Raps – wenn er nicht mit Neonicotinoiden belastet wäre. Auch im sogenannten Grünland finden die Bienen nichts. Denn die einst bunt blühenden, artenreichen Wiesen werden durch intensive Bewirtschaftung zu Rasenflächen degradiert. Was ein exzellenter Lebensraum für eine Vielzahl von Amphibien, Spinnen, Heuschrecken und Schmetterlingen sein könnte, wird durch unangepasste Düngung und häufige Mahd in wenigen Jahren unwiederbringlich zerstört, und die Bienen hungern auf dem Land.

Wenn zumindest der Löwenzahn kräftig blüht, wird alsbald gemäht, denn Grünland sollte gemäß der „Bierflaschenmethode" nicht höher wachsen als circa 26 Zentimeter. Dann nämlich ist der Eiweißgehalt für die Kühe am höchsten. Spielt das Wetter mit, sind im Jahr bis zu sechs Schnitte möglich. Gemäht wird tagsüber, wenn es warm ist. Dann tummeln sich die Bienen im Blütenmeer. In den üblichen Kreiselmähwerken rotieren die Messer mit einer Geschwindigkeit von knapp 300 Stundenkilometern und zertrümmern alles, was ihnen in den Weg kommt. Das Zentrum für Bienenforschung im Schweizer Liebefeld hat herausgefunden, dass dabei bis zu 90.000 Honigbienen pro Hektar zerstückelt werden. Das entspricht zwei bis drei Bienenvölkern.

Der Begriff „Tierproduktion" hat längst seinen Platz im allgemeinen Wortschatz gefunden. Ein Blick in eine Schweinemastanlage zeigt, was darunter zu verstehen ist: Zusammengepfercht stehen die Tiere auf einem Spaltenboden, durch den ihr Urin abfließt. Der Kot bleibt so lange an ihren Füßen, bis sie ihn selbst durch die Zwischenräume nach unten treten. Dabei verletzen sie sich die Klauen an den Kanten des Betons. Der permanente Kontakt mit ihren Ausscheidungen erhöht das Infektionsrisiko. Nicht einmal einen Quadratmeter Platz im Stall gesteht der deutsche Gesetzgeber ihnen zu. Nur 0,75 Quadratmeter braucht der Betreiber einer Mastanlage jedem der zum Schluss bis zu 120 Kilogramm wiegenden Tiere einzuräumen. Die Schweine werden destruktiv und verletzen sich gegenseitig. Deswegen schneidet man ihnen die Schwänze ab, so wie den Kühen die Hörner und den Bienenköniginnen die Flügel. Außerdem schleift man die Zähne der Schweine herunter. Zum Zerkleinern ihres Sojafutters brauchen sie diese ohnehin nicht. Sie müssen es nur schlucken, um ein knappes Kilogramm pro Tag zuzulegen. So lange, bis ihre Beine unter der Last des eigenen Körpergewichts wegknicken. Dann ist es so weit. Zum ersten Mal in ihrem Leben dürfen sie das Sonnenlicht sehen – auf dem Weg zum Schlachthof.

So kann zu Weltmarktpreisen produziert werden. Das ist auch das primäre Ziel der europäischen Agrarpolitik, dem alles andere untergeordnet ist. Nicht nur der Pestizideinsatz ist systemrelevant und Voraussetzung für das Überleben konventionell geführter Betriebe, sondern ebenso die Agrarsubventionen. Der weitaus größte Teil dieser Fördermittel fließt in die großen Betriebe und die Lebensmittelindustrie. Auch die riesigen Ställe, die Biogasanlagen und andere Investitionen in Technik werden mit öffentlichen Mitteln gefördert. Die Bauern wurden so einerseits von der Agrarchemie und andererseits von bürokratischer Steuerung abhängig. Einige bäuerliche Organisationen wie die Arbeitsgemeinschaft Bäuerliche Landwirtschaft (ABL) und das Gros der Umweltverbände kritisieren diese aus ihrer Sicht unerträgliche Situation und fordern, dass die Vergabe von Milliarden an öffentlichen Fördermitteln auch einem öffentlichen Interesse dienen muss – und nicht zur

Aufrechterhaltung eines Marktes verwendet wird, in dem Landwirte beispielsweise gezwungen sind, ihre Milch unter Produktionskosten an Molkereien abzugeben.

Den Imkereien erging es kaum anders als den landwirtschaftlichen Betrieben. Auch die Bienenhaltung wurde permanent intensiviert. Schließlich galt es, mit den Weltmarktpreisen konkurrieren zu können. 1950 erhielt ein Imker bei Direktvermarktung etwa vier Deutsche Mark für 500 Gramm Honig. Im Supermarkt sind heute vier Euro für ein Glas Importhonig üblich, beim

> Seit 70 Jahren sind die Honig-
> preise nahezu unverändert.

heimischen Imker kostet ein Glas je nach Sorte etwas über fünf Euro. Der Preiskampf erzeugt Stress für Imker und Bienen: Sobald die ersten Blüten im Saft stehen, sollen die Bienen bereits Honig produzieren. Dazu muss das Volk schon früh im Jahr möglichst groß sein. Lange Zeit wurde versucht, den Bienen durch die Gabe von Zuckerlösung einen prallen Vorfrühling vorzutäuschen. Die Königin legte daraufhin tatsächlich mehr Eier. Allerdings konnte mit populationsdynamischen Untersuchungen nachgewiesen werden, dass zwar mehr Bienen schlüpfen, die Anzahl der Bienen im Stock dadurch aber nur kurzfristig steigt. Außerdem ist auch für Bienen Zucker nicht gesund. Im Laborversuch lebten Bienen, die Honig bekamen, etwa 60 Prozent länger als bei Zuckerfütterung. Molekulargenetische Untersuchungen von den US-Forscherinnen Marsha Wheeler und Gene Robinson zeigten zudem, dass unter Zuckerfütterung eine größere Anzahl von Genen nicht aktiviert wird. Darunter auch solche, die für das Immunsystem und die Signalübertragung im Gehirn wichtig sind.

Erfolgreicher im Sinne der Steigerung der Produktivität erwies sich da der Einsatz der künstlichen Wabe: Ein Kilogramm von den Bienen produziertes Wachs verbraucht etwa sechs Kilogramm Honig. Effektiver, als frisches Wachs ausschwitzen zu lassen, ist es, alte Waben einzuschmelzen, das Wachs zu reinigen und unter Druck bei 120 Grad keimfrei zu machen. Mit einer standardisierten Zellweite von 5,4 Millimetern wird dann die Wachsplatte gegossen oder gewalzt. Fügt man fertige Waben in das Brutnest ein, stiftet die Königin sofort in den freien Zellen, und das Volk muss die zusätzliche Brut versorgen. Nicht nur mit Nährstoffen, sondern auch mit Wärme. Diese Strategie für ein rasches Wachstum des Volkes bringt erheblichen Stress mit sich. Stress aber wirkt auf Bienen nicht anders als auf Menschen. Er schwächt ihre Immunabwehr.

Vor der Erfindung der künstlichen Waben lebten die Bienen im sogenannten „Stabilbau", das heißt, sie bauten ihre Waben fest an die Wandungen ihrer Wohnung. Künstliche Wabenplatten hingegen sind „mobil". Mit dieser Innovation begann vor rund 150 Jahren eine neue Art der Haltung und Erforschung der Bienen. Wissensdurstige Imker und Wissenschaftler brachten nun Licht in das Dunkel des Bienenstocks, dessen Waben sie im Prinzip nun jederzeit herausnehmen und untersuchen konnten. Alles wurde nach und nach zum austauschbaren Ersatzteil und das Bienenvolk zum Baukastensystem des Imkers.

Im Unterschied zur Reizfütterung fördern das Einsetzen von künstlichen Waben ins Brutnest sowie das Umhängen von Brutwaben tatsächlich eine schnellere Entwicklung des Bienenvolkes. Wenn es sich allerdings rasch entwickelt und seinen Höhepunkt erreicht, kommt Schwarmstimmung auf. Das Volk will sich vermehren. Ein Zeichen, dass es ihm gut geht. Der Zeitpunkt der Schwarmbildung ist jedoch volksspezifisch und daher weder plan- noch vorhersehbar. Dem Imker drohen Ertragseinbußen, wenn sich seine Völker durch Schwärme teilen. Deswegen gehören Maßnahmen, die das Aufkommen der Schwarmstimmung unterbinden, zur fachlichen Praxis. So schrecken Imker auch nicht davor zurück, ihrer Königin die Flügel abzuschneiden. Dadurch fällt sie – ähnlich wie unsere Biene am Anfang des Kapitels – vom Flugbrett zu Boden, wenn der Schwarm auszieht. Die Bienen verlieren daraufhin den Kontakt zu ihr und kehren in den Kasten zurück, wo sich Königinnenbrut befindet. Kein Wunder also, dass seit Jahrzehnten schwarmträge Bienen gehalten werden.

Doch es gibt auch weniger drastische Maßnahmen, um den Schwarmtrieb zu unterbinden. Kurz bevor die kritische Volksstärke erreicht ist, entnimmt der Imker dem Stock einen Teil der Arbeiterinnen und der Brut. Mit diesem Bienenmaterial bildet er ein neues Volk. Dazu fehlt ihm nur noch eine neue Königin. Doch woher soll er sie nehmen? Er lässt sie sich einfach per Post zusenden. Königinnenzuchten bieten sie für knapp unter 30 Euro pro Stück an – inklusive Versandkosten.

Das Vorhaben, arbeitsame, robuste und schwarmträge Bienen zu erzeugen, ließ den Benediktinermönch Bruder Adam Anfang des 20. Jahrhunderts die sogenannte Buckfastbiene kreieren. Dazu studierte er ausführlich die Eigenarten lokaler Bienenrassen; von der südafrikanischen Kapbiene über die Sizilianische Honigbiene und die Karpatenbiene bis hin zur Dunklen Europäischen Biene. Sein Ziel war es, die wirtschaftlich verwertbaren Eigenschaften der verschiedenen Unterarten in einer einzigen Rasse zu konzentrieren. „Das Endziel aller unserer Züchtungsbestrebungen ist die Schöpfung einer Biene, die einen dauerhaften maximalen Durchschnittshonigertrag erzeugt, mit einem minimalen Kosten- und Zeitaufwand", so sein Credo. Er kreuzte zunächst die italienische mit der englischen Honigbiene, die seinerzeit durch eine Tracheenmilben-Epidemie arg dezimiert war. Er nannte sie nach dem englischen Kloster Buckfast, in dessen Imkerei einige Stöcke überlebt hatten. Die Buckfastbiene flog tatsächlich höhere Erträge ein, kam nicht so rasch in Schwarmstimmung und zeigte den Tracheenmilben wenn nicht die kalte Schulter, so doch ihren harten Chitinpanzer. Bruder Adam rang für sein Projekt, mit dem er das Werk seines Herrn ein klein wenig vervollkommnen wollte, sehr mit der Natur. Die Paarung zu kontrollieren, war dabei zunächst ein entscheidendes Problem, denn nur erwünschte Drohnen sollten seiner Jungkönigin begegnen.

Mittlerweile hat der technische Fortschritt Einzug in die Züchtung gehalten. Die Königin kann instrumentell besamt werden. Zuerst beschafft sich der Laborant bei ausgesuchten Drohnen durch spezielle Drucktechniken das richtige Sperma. Acht bis zehn Drohnen steuern dafür die nötigen acht Mikroliter Sperma bei. Es wird homogenisiert, zentrifugiert und schließlich mit der Besamungsspritze aufgezogen. Nun nimmt sich der Laborant eine Königin und lässt sie in ein Plastikröhrchen laufen. Dort fixiert er sie und schraubt sie mit dem sogenannten Königinnenhalter an den Block des Besamungsgerätes. Dann raubt ihr ein CO_2-Stoß das Bewusstsein. Durch winzige Häkchen wird ihre Scheidenkammer auseinandergezogen. Mit einer durch Mikrometerschrauben fein justierten Spritze wird der Samen nun eingeführt.

> Die künstliche, instrumentelle Besamung kann mittlerweile auch bei der Bienenkönigin zuverlässig durchgeführt werden.

So weit, so technisch. Nun aber kommt die psychologische Krux an der Geschichte. Da die Königin ihre künstliche Begattung nicht mitbekommen hat, würde sie zurück im Stock noch einen Hochzeitsflug unternehmen und sich dabei von Drohnen begatten lassen, deren Spermien der Züchter nicht selektieren kann. Abhilfe schafft eine zusätzliche Narkotisierung etwa 24 Stunden vor der instrumentellen Besamung, durch die dieser Instinkt verloren geht.

Und auch heute schwören nicht wenige Imker auf die Buckfastbiene. Doch ihre Vision, eine neue stabile Rasse zu züchten, die viele für den Menschen angenehme Eigenschaften auf sich vereinigt, stellt sich bei genauerem Hinsehen als Illusion heraus. Das Hauptproblem liegt bei den Drohnen. Aus ihren Geschlechtsorganen muss das Sperma für eine künstliche Besamung gewonnen werden. Zu den vielen Facetten der

Sonderstellung von männlichen Bienen gehört jedoch, dass sie bis zur Zeit der Hochzeitsflüge in jedem Stock willkommen sind. Wie also soll man unter natürlichen Bedingungen die Eigenschaften stabil erhalten? Ein Ding der Unmöglichkeit. Bruder Adam hätte der Schöpfung seines Herrn noch stärker in die Speichen greifen und eine Buckfastbiene kreieren müssen, die zu allen anderen Eigenschaften auch die Abwehr fremder und die Stetigkeit volkseigener Drohnen gezählt hätte. Dafür aber stellt die Natur keinerlei Vorlage zur Verfügung. Kein einziges Volk verfährt so mit seinen Drohnen. Insofern hat der Züchter keine Chance, diese Eigenschaft seiner Idealbiene zu erreichen. Zumindest bis die Gentechnik eines Tages vielleicht auch auf diesem Gebiet tätig wird.

Letztlich zielen viele der Maßnahmen, die von Züchtern und Imkern ergriffen werden, auf eine graduelle Abkoppelung und Entfremdung der Bienen vom jahreszeitlichen Geschehen der Natur ab. So wie der Schwarmtrieb unterdrückt und ein natürlicher Anpassungsprozess an Varroa verhindert wird, sollen sich auch die Rhythmen der Landschaft möglichst wenig ertragsmindernd auswirken. Sogenannte Wanderimker laden ihre Stöcke auf einen Lkw und fahren sie von Massentracht zu Massentracht. Sobald in einer Region nicht

> Züchterische und imkerliche Maßnahmen entfremden die Bienen von der Landschaft und ihrem natürlichen Jahreslauf.

mehr ausreichend Nektar zu saugen ist, geht es zur nächsten. Für diese Methode gibt es auch eine passende imkerliche Sentenz, nach der Dieselkraftstoff das beste Bienenfutter sei.

Die „Wanderungen" jener Imker beginnen schon früh im Jahr. Dadurch werden die Bienen der Landschaft entfremdet und dem Diktat der Gewinnmaximierung unterworfen. Mit zwei Ergebnissen: viel Honig für die Menschen und viel Stress für die Bienen. Die Lebenszeit der Königinnen verkürzt sich durch diese Dauerbeanspruchung, die aus der Deregulierung der natürlichen Rhythmik folgt. Dieselgetrieben gibt es für sie nur noch Hochsaison. Daher tauschen professionelle Imker die Königin regelmäßig aus, bevor diese ermüdet. Unabhängig von ihrem Zustand wird dann die „alte" Königin entsorgt.

So stehen vor allem die mobilen Bienenstöcke aufgrund des Futterangebots ständig unter Strom. Manipulationen des Wabenwerkes müssen vom Volk ausgeglichen werden, und die omnipräsenten Gifte der Agrarindustrie zeitigen zusätzlich Dopewirkung. Unentwegt ist der Superorganismus mit seinen Selbstheilungskräften gefordert.

Jahrmillionen haben Honig- und Wildbienen die Vielfalt und Fruchtbarkeit unserer Landschaften ermöglicht. Von ihrer Bestäubungsleistung hängt ein Drittel unserer Nahrung ab. Nun können sie sich nicht mehr selbst helfen. Wir Menschen sind gefragt, einen Systemwandel herbeizuführen und Rahmenbedingungen für eine Landwirtschaft zu schaffen, die Biene, Mensch und Natur gerecht werden.

WIE BIENEN GESUNDEN

WIE BIENEN
GESUNDEN

Es ist Spätsommer. Die Saison geht zu
Ende. Nur noch wenige Blüten spenden
Nektar. Die Arbeiterinnen haben Wintervorräte angelegt. Die Königin
stiftet weiterhin, allerdings nicht mehr so eifrig wie im Frühsommer.
Doch dabei ist sie nicht allein. Da legt noch jemand Eier. Zwei Brutnester in einem Volk? Ist da etwa eine zweite Königin im Einsatz?
Ja – zwei royale Geschöpfe in wenigen Zentimetern Abstand auf ein
und derselben Wabe. Sie kämpfen nicht miteinander, versuchen nicht,
sich gegenseitig abzustechen, wie es unter anderen Umständen der Fall
wäre. Unbeirrt geht jede für sich ihrer Bestimmung nach. Diese Dop-
pelspitze existiert einige Wochen. Dann übernimmt die junge Königin.
Der Hofstaat kümmert sich um sie. Sie wird vom Volk akzeptiert. Für
die alte Königin hingegen ist es dann an der Zeit, zu gehen. Ohne Auf-
heben, ohne Zeremonie, ohne Volk, ohne Schwarm. Ganz still. Sie läuft
ein letztes Mal über die Waben. Ihr Leben hat sich vollendet. Sie fliegt
alleine aus. Ihr einstiges Volk wird mit der neuen Königin überwintern.
Sie wird sterben.

Diesen friedlichen Prozess bezeichnet man
treffend als stille Umweiselung. Wenn das Volk
im Spätsommer feststellt, dass die Königin nicht
mehr die nötige Eiablage schafft, legen die Arbeiterinnen Königinnenbrutzellen an. Allerdings

Ein harmonisches Volk kann die
Königin auch ohne Schwarmakt
erneuern. Vorübergehend sind
dann zwei Königinnen im Volk.

nicht unten am Rand der Waben, wo sie während der Schwarmzeit platziert werden, sondern mitten in der Wabe, direkt zwischen die Arbeiterinnenbrut. In einem – wie Imker es nennen – harmonischen Volk wissen alle, auch die Königin, was zu tun ist: eine runde Brutzelle bauen, ein Ei in diese besondere Zelle legen und die daraus schlüpfende Larve mit königlicher Milch füttern. Die stille Umweiselung ist eine kreative Lösung der Natur. Wenn die Königin zu schwach wird, in der Regel nach fünf bis sechs Jahren, erneuert der Stock sein Reproduktionsorgan ohne Schwarmprozess aus sich selbst heraus. Hier zeigt sich das besondere Resilienzpotenzial des Biens. Dies ist sicher einer der Gründe, warum die Bienen seit 45 Millionen Jahren so überaus erfolgreich sind.

In der wesensgemäßen Bienenhaltung ist stille Umweiselung erwünscht. Man lässt die Königin alt werden, anstatt dieses zentrale Organ systematisch nach zwei Jahren, wie ein Ersatzteil, durch eine künstlich gezüchtete Königin zu ersetzen. Überhaupt wird bei dieser Form der Bienenhaltung versucht, Bedingungen zu schaffen, unter denen sich das Volk möglichst seiner Natur gemäß entwickeln kann. Die Entwicklung des Biens im Jahreslauf wird nicht zugunsten der Ertragsoptimierung durch imkerliche Eingriffe beeinflusst. So entsteht die Apikultur. *Apis* ist der Gattungsname für die staatenbildenden Honigbienen. Das im Englischen und Französischen gebräuchliche Wort *apiculture* verweist darauf, dass ehemals wildlebende Bienen in die Zucht genommen wurden. Nach wie vor aber bleiben sie bei ihrer Bestäubungs- und Sammeltätigkeit ein Teil der ungebändigten Natur. Hingegen ist die Art ihrer Haltung Ausdruck bzw. Teil der menschlichen Kultur. Apikultur im Sinne wesensgemäßer Bienenhaltung heißt, mit dem Bienenwesen respektvoll umzugehen und die imkerlichen Maßnahmen aus dem Organismus des ganzen Volks abzuleiten. Nicht nur das Imkerjahr zu managen, sondern das natürliche Bienenjahr gut zu

> Apikultur bedeutet, die imkerlichen Maßnahmen mit Respekt aus dem Organismus des ganzen Bienenvolks abzuleiten.

verstehen und den Bedürfnissen des Volkes möglichst gerecht zu werden. Der Bien wird als Lebewesen gewürdigt. Dieser „Zauberbronn", wie der Nobelpreisträger Karl von Frisch es nannte, lädt den Menschen dazu ein, mit ihm in Beziehung zu treten. Eine echte Beziehung aber ist grundsätzlich offen und niemals abgeschlossen. Sie birgt viele Überraschungen und Entwicklungsmöglichkeiten – für beide Seiten.

Für die mehr als 120.000 Freizeitimker in Deutschland sind seit vielen Jahren die Haltungsformen der Erwerbsimker maßgeblich, deren Ziel in der wirtschaftlichen Optimierung der Bienenhaltung besteht. Doch müssen die Hobbyimker dieses Rationalisierungsdenken und diese Betriebsweisen zwangsläufig übernehmen? Das (Ertrags-)Maximum stellt nicht notwendigerweise das Optimum für Biene, Mensch und Natur dar. Im Vergleich zu den überschaubaren Kosten kann der Lohn der Bienenhaltung immens sein: Honig, Wachs und Propolis erhält man quasi gratis als Geschenk. Daneben lassen sich ganz wunderbare sinnliche Erfahrungen sammeln, wie der abendliche Duft am Flugloch oder das friedliche Summen der Bienen im Garten.

Um diesen Perspektivenwechsel hinzubekommen, kann es helfen, den Bien nicht als Baukasten, sondern als Organismus zu begreifen. Auch braucht es Mut, sich von der in den letzten Jahrzehnten üblichen imkerlichen Betriebsweise abzuwenden und sich auf die individuelle Entwicklungsdynamik der Völker einzulassen. Aus diesem Grund wird in der wesensgemäßen Bienenhaltung auch der Schwarmtrieb willkommen geheißen, ist er doch die einzige natürliche Methode für die Geburt eines Bienenvolkes. Wer sich traut, mit dem Schwarm zu imkern, wird mit einem betörenden Schauspiel belohnt, das die Fülle im Leben der Bienen erlebbar macht.

Schon im April fliegen die ersten Drohnen am Bienenstand. Am Ende des Monats bauen vitale und starke Völker neue schneeweiße Waben und sogenannte Spielnäpfchen. Sie sind ein Zeichen dafür, dass die Bienen mit dem Schwarmgedanken spielen. Ernst wird es, wenn im Mai dann das erste Ei in einer Königinnenbrutzelle liegt. Neun Tage später muss mit dem Abgang eines Schwarmes gerechnet werden. Imker, die das natürliche Schwarmverhalten nutzen möchten, müssen sich nun nach dem Kalender der Bienen richten und bei gutem Wetter schon am Vormittag bei ihnen sein. Dann können sie erleben, wie der Schwarm mit mächtigem Brausen auszieht. Tausende Bienen stürzen wie ein sprudelnder Quell aus dem Flugloch, steigen auf und sammeln sich zu einer im Sonnenlicht flimmernden Wolke.

Schwarmbienen sind besonders sanftmütig, geradezu freundlich. Es ist ein durchdringendes und beglückendes Erlebnis, ohne Schutzkleidung in der ausziehenden summenden Bienenwolke zu stehen. Schließlich sammeln sich die Bienen mit ihrer Königin an einem Ast zur Schwarmtraube. Um sie in eine neue Bienenwohnung einzulogieren, besprühen Imker sie leicht mit Wasser, damit sich die Traube fester zusammenzieht und mit einem kräftigen Ruck vom Ast geschüttelt werden kann. Die hierfür eventuell notwendige Leiter bleibt am besten gleich stehen. Denn die folgenden Schwärme gehen gerne an die mit Duft markierte Stelle. Bei dieser Art der natürlichen Vermehrung besteht die Gefahr, hin und wieder Schwärme zu verlieren. Lassen sich die Imker jedoch auf einen mehrjährigen Lernprozess mit ihren Bienen ein, sinkt die Verlustrate rasch. Es ist das Risiko wert, denn sie werden durch eines der schönsten und intimsten Naturerlebnisse entlohnt. Verlorene Schwärme werden durch die starke Dynamik der übrigen Schwärme bald wieder ausgeglichen. Die Bienen erfahren einen enormen Vitalisierungsschub. Bei gutem Wetter und ausreichender Tracht baut der Schwarm in den folgenden zehn Tagen reichlich Naturwaben in seiner neuen Wohnung.

Wer keine Möglichkeit hat, tagsüber frei abfliegende Schwärme zu be-
aufsichtigen, muss den Schwarmtrieb trotzdem nicht unterdrücken.
Die Apikultur greift den natürlichen Vermehrungstrieb auf und inte-
griert ihn in moderne Betriebsweisen: Die Imker lassen das Volk bis zur
vollen Schwarmreife kommen und entnehmen dann, kurz bevor der
Schwarm natürlicherweise ausziehen würde, die Königin mit einigen
Tausend Bienen. Dieser vorweggenommene Schwarm verhält sich wie
ein Naturschwarm und geht nicht verloren.

Wer mit den vitalen Bienen des Schwarmes imkert, benötigt auch keine
Kunstwaben, die sogenannten Mittelwände. Dies sind Wachsplatten
mit standardisiertem Zellmuster, die man aufgrund ihrer identischen
Abmessungen beliebig austauschen kann. Sei es innerhalb des Volkes
oder von Stock zu Stock. Die übliche Rechnung
geht in etwa so: Für die Produktion von einem
Kilogramm Wachs benötigen die Bienen etwa
sechs Kilogramm Honig. Wenn mit der Mittelwand Wachs für die Wabe schon mitgeliefert
wird, muss dies nicht erst mühselig von den
Arbeiterinnen ausgeschwitzt werden. Die Bienen

> Die mit dem Schwarmtrieb ver-
> bundene hohe Vitalität ermög-
> licht eine Imkerei ohne den Ein-
> satz von Kunstwaben.

sparen also Arbeit und der Honig wird nicht als Energieträger für den
Wabenbau verbraucht. Diese ökonomische Denkweise lässt aber das
Wesen der Biene außer Acht. Denn Bienen wollen keine Arbeit sparen,
um möglichst viel Freizeit zu haben. Bienen verwirklichen sich in ihrer
Tätigkeit in jedem einzelnen Abschnitt ihres Lebens. Gibt man ihnen
Kunstwaben, raubt man ihnen einen wichtigen Teil davon. Natürlicher
Wabenbau ist daher ein integraler Bestandteil der wesensgemäßen
Bienenhaltung. Imker, die Naturwaben ermöglichen, sehen ihre Aufgabe
darin, beste Bedingungen für das Gedeihen ihrer Völker zu schaffen.
Sie verstehen sich als Agent der Selbstorganisation des Organischen –
getreu der funktionalen Lebensdefinition, die der chilenische Biologe
Humberto Maturana in den 1970er-Jahren gab, als er den Begriff der

Autopoiesis in die Wissenschaft des Lebendigen einführte. Im Unterschied zu den Prozessen in der unbelebten Materie erzeugt jedes lebende System demnach seine eigenen Operationen selbst. Es ist strukturdeterminiert – das heißt, es baut seine Strukturen aus sich heraus auf. Ein lebendiges System organisiert selbst seine internen Prozesse und sein Verhältnis zur Umwelt. Sobald versucht wird, dies fremdbestimmt von außen zu steuern, wird die wichtigste Eigenschaft des Lebendigen – die Fähigkeit zur Selbststeuerung – geschwächt.

Imkerliche Maßnahmen wie künstliche Waben, Manipulationen in der Anordnung der Waben oder die Unterdrückung des Schwarmtriebs irritieren die Selbstorganisation des Superorganismus Bien. Wesensgemäße Bienenhaltung ist sich dessen bewusst und nutzt Haltungsmethoden, die die organische Selbststeuerung des Biens möglichst wenig beschädigen. Imker, die so handeln, formulieren es manchmal sehr persönlich: „Die Bienen sollen sich bei mir sicher und zu Hause fühlen."

Ein weiteres Prinzip der wesensgemäßen Bienenhaltung besteht im Verzicht auf künstlich produzierte Königinnen und einseitige züchterische Selektion. Anstatt immer wieder neue, auch instrumentell besamte, Königinnen mit sehr speziellen Eigenschaften aus einer fremden Region zu holen, wird auf den natürlichen Hochzeitsflug und die sogenannte Standbegattung gesetzt. Die unter natürlichen Bedingungen im Schwarmprozess entstandene Königin darf ausfliegen und sich mit den Drohnen der Gegend paaren. Die Begattung am Standort des Bienenvolkes hat eine hohe genetische Diversität zur Folge, denn die Drohnen werden nicht künstlich selektiert. Diese genetisch bunte Mischung ermöglicht einen weiteren Vitalitätsgewinn und erhöht die Resilienz des Volkes. Durch die Integration des Schwarmtriebs in die Bienenhaltung entsteht naturgemäß immer ein Überschuss an

Die Standbegattung der Königinnen ist ein weiteres Prinzip wesensgemäßer Bienenhaltung. Dabei fliegt die Königin zum Hochzeitsflug aus und paart sich mit den Drohnen der Gegend.

Schwärmen und Königinnen. Aus diesem Potenzial ist eine dem Standort angepasste Auswahl besonders gesunder und harmonischer Völker leicht möglich. Auch das gehört zur Apikultur.

Bei der Beschäftigung mit natürlichen Bienenwohnungen kommt neuerdings das Stichwort „Zeidlerei" wieder ins Spiel. Im Mittelalter, bevor man Rohrzucker aus den Kolonien nach Europa einschiffte, hatte das Zeideln Hochkonjunktur.

Auf der Suche nach natürlichen Bienenwohnungen weckt die Zeidlerei spannende Fragen.

Die Imker hießen Zeidler und verstanden es, lebende Bäume ohne Schaden so auszuhöhlen, dass Bienen darin nisten konnten. Sie bildeten eine der ersten Zünfte. Der Honig – und vor allem das Bienenwachs für die Kerzen der Klöster und Schlösser – wurde durch besondere Privilegien gefördert, beispielsweise durch eine eigene Gerichtsbarkeit. Heute knüpfen einige Imker an diese alte Tradition an und schaffen mit Motorsäge und Stechbeitel geeignete Hohlräume für Bienen. In der engen Wohnung des Baumes im oberen Bereich der Nisthöhle sammeln diese dann den Sommer über den Vorrat, den sie für die Überwinterung benötigen. Das Brutnest wandert so kontinuierlich mit den wachsenden Honigvorräten nach unten in der Höhle. Waldhonig, den die Bienen erst spät im Jahr aus zuckerhaltigen Ausscheidungen bestimmter Läuse gewinnen, wird in den schlanken Baumhöhlungen schließlich als letzte nennenswerte Tracht im Bienenjahr unter dem Brutnest eingelagert. Dort wird der Honig von Imkern dann „gezeidelt", also durch Herausschneiden von Waben geerntet.

So romantisch und ursprünglich diese mittelalterliche Form der Bienenhaltung heute klingen mag, ist die Zeidlerei doch keine Lösung für die vielfältigen Herausforderungen der Bienengesundheit. Keine Art der Bienenwohnung bewirkt den ersehnten allumfassenden Schutz. Bienen haben sich im Laufe der Evolution die überlebensnotwendige Fähigkeit angeeignet, ihr Nest in nahezu jedem Hohlraum so anzulegen, dass sie überleben. Für eine wesensgemäße Bienenhaltung sind verschiedene Bienenwohnungen mit beweglichen Waben geeignet. Bei der Auswahl legt der Imker besonderen Wert darauf, dass ein voll entwickeltes Brutnest mit ausreichenden Honigvorräten auf großen Naturwaben Platz hat. Der dort abgelagerte Honig ist dem Zugriff des Imkers entzogen und die Völker sind somit immer ausreichend versorgt. Bienenwohnungen werden nicht mit rechteckigen, künstlichen Waben fertig „möbliert". Mehrere sogenannte jungfräuliche Waben wachsen hingegen gleichzeitig als ein Wabenwerk von der Decke des Hohlraumes herunter. Es ist ein Wunder der Natur, denn die Wände der Wabenzellen haben eine Wandstärke von nur 0,07 Millimetern. Die Wabe als Ganzes aber ist in der Lage, mehrere Kilogramm Honig und Brut zu tragen. Die hauchzarten, zunächst schneeweißen Waben sind anfänglich ganz in der dunklen Schwarmtraube versteckt. Sie wachsen miteinander und nehmen in ihrer Gestalt sensibel Bezug aufeinander. Die Kraft und Schönheit des Biens kommt dabei zu voller Geltung.

Das Zurück zu einer vermeintlich heilen Natur kann es nicht geben. Vielmehr tut ein Voran zu einer Kultur not, bei der Natur Gegenstand der Kultur wird. Es geht um Apikultur und Agrikultur. Es geht um eine vom Menschen zu verantwortende Gestaltung der Natur. Und auch der Imker ist Teil dieser gestalteten Natur. Jedoch hat er die Möglichkeit, sich immer wieder neu zu besinnen, wie er im Sinne des Ganzen handelt und wie er dabei die eigenen Interessen und die Bedürfnisse seiner Bienen in Einklang bringt.

Die vier Säulen, auf denen die wesensgemäße Bienenhaltung ruht, stärken die Gesundheit und die Widerstandskraft der Bienenvölker. Das Schwärmen ist hierbei ganz zentral. Denn von dem Moment an, in dem der Schwarm den Stock verlässt, bis zu dem Zeitpunkt, wo er in seiner neuen Wohnung Waben baut, kann nicht gebrütet werden. In dieser brutfreien Periode gehen alle Brutkrankheiten zurück. Die

Varroa-Milbe, die sich in den Brutzellen vermehrt, ist da nur ein Beispiel. Die zweite Säule bilden die natürlichen Waben. Sie haben einen heilsamen Effekt. Selbst bei Schwärmen aus Muttervölkern, die mit bösartiger Faul- oder Sauerbrut befallen sind, ist das frische Wachs gänzlich frei von Krankheitserregern. Wachs ausschwitzen ist ein organischer Selbstheilungsprozess. Sogar bei bösartiger Faulbrut mit klinischen Symptomen ist der Kunstschwarm eine bewährte und von der Veterinärbehörde empfohlene Methode der Sanierung. Bei dieser hochinfektiösen Krankheit stellt er die einzige Alternative zur Tötung des Volkes dar. Der sogenannte Wachskreislauf wird durch konsequenten Naturwabenbau unterbrochen und damit zugleich auch die Anreicherung von Pestiziden und Arzneimittelrückständen im Wachs.

> Die Gesundheit und die Widerstandskraft der Bienen werden wesentlich durch die Haltungsform beeinflusst.

Die dritte Säule der wesensgemäßen Bienenhaltung ist die ökologische Behandlung von Krankheiten. Gegen die Varroa-Milbe wird mit organischen Säuren wie Milch-, Oxal- oder Ameisensäure vorgegangen. Sie reichern sich nicht im Wachs der Waben an und gehören zu den natürlichen Bestandteilen des Honigs. Auch die vierte Säule der wesensgemäßen Haltung – die natürliche Königinnenvermehrung in Verbindung mit der Standbegattung – trägt zur Gesundung der Bienen bei. Das hat eine europaweite Studie der Bienenforscher-Assoziation COLOSS (Prevention of honey bee COlony LOSSes) bestätigt. Bei der Hälfte von 600 untersuchten Völkern legte eine ortsfremde Zuchtkönigin die Eier. Die anderen Stöcke hatten sich über mehrere Generationen mit freiem Hochzeitsflug der Königin an ihren Standort angepasst. Drei Jahre lang wurden diese Stöcke nicht pharmazeutisch behandelt. Nach dieser Zeit war die Zahl der überlebenden Völker mit standortangepasster Königin dreimal so hoch wie die mit einer künstlich gezüchteten. Dieselbe Studie belegte, dass die angepassten Völker größer und sanftmütiger waren. Zugleich trugen diese auch mehr Honig ein.

Noch vor 100 Jahren war die Bienenhaltung regelmäßiger Bestandteil vieler bäuerlicher Betriebe. Auf den Höfen kam es im Zuge der alles ergreifenden Industrialisierung jedoch zu Arbeitsteilung und Intensivierung. Für die Bienen blieb kaum noch Zeit, obwohl sie bis dahin noch extensiv gehalten wurden. So löste sich die über Jahrhunderte übliche Bienenhaltung schließlich von den Bauernhöfen und die Imkerei wurde zu einem eigenen Zweig der Landwirtschaft. Die Spezialisierung in der Landwirtschaft ermöglichte und erforderte die Vergrößerung der bewirtschafteten Einheiten und führte dazu, dass in den letzten 25 Jahren in Deutschland die Hälfte aller Höfe aufgegeben wurde. Dieser Trend ist ungebrochen. Es ist offensichtlich, dass mit dem Hofsterben das Bienen- und Insektensterben Hand in Hand geht. Ist dieser Abwärtstrend aufzuhalten? Können Bienenhaltung und Landwirtschaft wieder zusammenfinden? Muss die Agrarproduktion zwangsläufig Lebensraum von Bienen und anderen Blütenbestäubern zerstören? Oder gibt es eine nachhaltige Landbaukultur? Eine Land(wirt)schaft, in der es summt und brummt?

Um zu verstehen, was Bienen krank macht, hilft ein Blick in die Anfänge der industriellen Agrarproduktion. Der Charakter der heutigen Landwirtschaft wurde durch die Vorstellungen ihres Gründervaters geprägt. Landwirtschaft sei ein Gewerbe wie jedes andere auch, meinte Albrecht Daniel Thaer zu Beginn des 19. Jahrhunderts und führte aus:

> Ist die Landwirtschaft ein Gewerbe wie andere auch? Erzeugt sie Güter, um damit möglichst viel Gewinn zu erzielen?

„Die Wissenschaft derselben muss also den höchsten Erwerb aus jedem Betriebe als Ideal aufstellen und entwickeln, wie man den höchstmöglichen Gewinn dadurch erreiche." Mit den Fortschritten in den Naturwissenschaften und der Technik entstanden bis dahin unvorstellbare Möglichkeiten für die Verwirklichung des Ideals von Thaer. Nachdem die Chemiker Fritz Haber und Carl Bosch Anfang des 20. Jahrhunderts ein Verfahren erfunden hatten, mit dem man

Ammoniak einfach aus dem Stickstoff der Luft gewinnen konnte, stand billiger Kunstdünger in gleichsam unbegrenzter Menge zur Verfügung. Als in den Folgejahren die chemische Industrie auch noch Erfolge bei der Synthetisierung von Pestiziden feiern konnte, war der Startschuss für die industrielle Landnahme des Agrarsektors gefallen. Heute werden allein in Deutschland Jahr für Jahr anderthalb Millionen Tonnen Stickstoffdünger ausgebracht. Laut Bundesamt für Verbraucherschutz gelangten 2017 zudem 115.095 Tonnen Pestizide mit insgesamt 277 verschiedenen Wirkstoffen auf die Felder. Diese gewaltigen Mengen zerstören die natürliche Fruchtbarkeit der Böden, vergiften Wasser und Luft, tragen zur Belastung der Lebensmittel bei, schädigen die Bienen und vermindern die Biodiversität in bedrohlichem Ausmaß.

Es stellt sich also die Frage nach einer anderen Form des Wirtschaftens und damit des sorgsameren Umgangs mit der Natur. Mittlerweile gibt es zahlreiche Alternativkonzepte zur industriell steuerbaren landwirtschaftlichen Produktion, die sich unter dem Begriff der ökologischen Landwirtschaft subsumieren lassen. Gemein ist all diesen Ansätzen, dass sie das Tierwohl und die Schonung der Umwelt in den Vordergrund

> Es existiert ein Gegenentwurf zur Agrarindustrie: die Idee des geschlossenen Hoforganismus.

stellen. Bereits 1924 formulierte der Anthroposoph Rudolf Steiner die Idee des geschlossenen Hoforganismus. Gut 100 Jahre nach der Begründung der Agrarwissenschaft durch Albrecht Thaer schuf Steiner damit die Grundlage für eine biologisch-dynamische Landwirtschaft und inspirierte so die späteren ökologischen Agrarbewegungen.

Diese Art der Landwirtschaft folgt dem organischen Verständnis natürlicher Prozesse. Die Bienen sind hierfür beispielgebend. 40.000 Einzelwesen agieren in einem lebendigen Zusammenspiel und bilden einen Organismus, der als solcher wächst und schrumpft, erkrankt und gesundet. Der Bien reagiert als Einheit seiner lebendigen Vielheit auf veränderte äußere Bedingungen. Das kann er nur, wenn seine verschiedenen Organe in einer zwar dynamischen, aber letztlich immer harmonischen Weise zusammenwirken und in keine Richtung überdehnt werden. Ein Volk, das die Brutpflege zugunsten der Honigproduktion vernachlässigen würde, hätte zwar kurzfristig viel Vorrat, aber langfristig keine Perspektive.

Biologisch-dynamische Landwirte kennen diese Prinzipien, nutzen sie in ihrem Betrieb und verstehen ihren Hof als Organismus. Der Blick richtet sich auf seine Gesamtheit: Boden, Pflanzen und Tiere werden nicht isoliert nach Input-Output-Kriterien bewertet, sondern in ihren systemischen Zusammenhängen als Organe des Betriebsorganismus gesehen. Dieser Perspektivenwechsel zeigt sich auch in den Begrifflichkeiten. So spricht Manfred Kränzler, der einen 260 Hektar großen Betrieb im schwäbischen Rosenfeld führt, von Mit- anstatt von Umwelt. Landschaft ist nach seinem Verständnis keine Ressource, die wir beliebig nutzen dürfen. Sein Motto ist: „Mit der Natur – für den Menschen". In einer solchen Agrikultur verstehen sich Landwirte als Prozessbegleiter vielfältiger natürlicher Abläufe, die den Lebewesen des Hofes ermöglichen, sich unter den Kriterien der Selbststeuerung zu entfalten.

Natürlich wird auch auf diesen Höfen Technik intelligent eingesetzt, allerdings verzichtet man komplett auf Kunstdünger und synthetische Pestizide. So wie die Bienen mit wachen Sinnen den Zustand des Stocks wahrnehmen, beobachtet Manfred Kränzler den Pflanzenbestand und untersucht mit Bodensonde und Spaten, in welcher Verfassung seine Felder sind. Ein wirklich fruchtbarer Boden, so sagt er, federt. Man läuft auf ihm wie auf Moos. „Wie ein gut durchgegarter Teig hat der Boden eine leichte, geradezu luftige Struktur und er duftet." Diese Struktur entsteht aus einem dynamischen Komplex von Mikroorganismen, Tieren und Pflanzen, die durch ihre Aktivität und ihren Stoffwechsel einen ständigen Auf- und Abbau organischer Substanz bewirken. Wichtigster Bestandteil solchen Mutterbodens ist der Humus, der die Pflanzen ernährt, Nährstoffe und Wasser speichert. Hier findet man pro Quadratmeter zehn Billiarden Mikroorganismen, zwölf Milliarden Pilze, 1,6 Milliarden Algen und Einzeller und nahezu zwei Milliarden Kleinstlebewesen wie Würmer, Spinnen, Milben, Käfer, Schnecken oder Springschwänze. Und nicht zu vergessen: bis zu zehn Kilogramm Regenwürmer, die abgestorbene Pflanzen verdauen. Ein erstaunliches, kaum erforschtes Universum.

Um solche vor Lebendigkeit strotzenden Böden zu bekommen, müssen einige populäre, der Agrarindustrie lieb gewordene Annahmen überprüft werden – zum Beispiel die lineare Denkweise, dass der Boden die Pflanze ernährt. Das ist nämlich nicht einmal die halbe Wahrheit, die ihrerseits zu dem gefährlichen Trugschluss verleitet, landwirtschaftlich genutzter Boden sei nichts anderes als eine Art Nährlösung, die mit einem gut sortierten Chemiebaukasten produktiv gemacht werden könne. Die ganze Wahrheit jedoch führt von der Linearität zur Zirkularität, denn die Pflanzen nähren den Boden ebenfalls. Bis zu 70 Prozent ihrer Energie geben sie an den Grund ab, auf dem sie wachsen. Die im Rahmen der Photosynthese entstehenden Kohlenhydrate werden von den Wurzeln ausgeschieden. Diese energiereichen Stoffe versorgen das Bodenleben und machen die Äcker zu einem fruchtbaren Ort. Hülsenfrüchtler wie Lupinen, Erbsen, Ackerbohnen oder Klee blühen nicht nur, sie binden zudem Stickstoff aus der Luft im Boden. Das reiche Bodenleben erschließt die Gesteinsunterlage und macht die darin enthaltenen Nährstoffe für Pflanzen verfügbar. Mutterboden und Pflanzen bilden ein sich wechselseitig befruchtendes Ökosystem. Ganz nach dem Vorbild der Bienen, die immer auch geben, wenn sie nehmen, da sie jene Blüten befruchten, aus denen sie den Nektar saugen.

Wie die standortangepasste Bienenhaltung bringt auch eine standortangepasste Fruchtfolge Vorteile mit sich. In siebenjährigen oder längeren Fruchtfolgen wechselt der Pflanzenbestand, wodurch auch Unkraut in Schach gehalten und der Krankheitsdruck verringert wird. Sie verbessern die Bodenstruktur, lassen den Humusgehalt ansteigen und erhöhen die Nährstoffversorgung. Auf Kunstdünger kann dann komplett verzichtet werden. Höfe, die nach einem solchen Konzept arbeiten und die Naturzusammenhänge ebenso achten wie nutzen, wachsen zu einem Ganzen zusammen, zu einem widerstandsfähigen Organismus. Vergleichbar jenen Bienen, die wesensgemäß gehalten werden, bringen sie gute Erträge und können auch mit widrigen Witterungssituationen umgehen. Angesichts des Klimawandels ist das gleich in mehrfacher Hinsicht das Gebot der Stunde. Denn solche landwirtschaftlichen Betriebe kommen besser mit Dürreperioden zurecht. Die Böden sind in der Lage, deutlich mehr Wasser zu speichern, denn die Durchwurzelung reicht bis in tiefere Erdschichten. Die Erosion des Humus durch Wind und Starkregen ist entsprechend gering. Außerdem erzeugen die naturbelassenen Böden Humus, der pro Jahr und Hektar etwa 350 Kilogramm CO_2 bindet. Und sie fördern die Biodiversität, die man mit gutem Recht als das Immunsystem unseres Planeten ansehen kann. Unter solchen Bedingungen fühlen sich auch die Bienen wieder wohl. Inmitten einer abwechslungsreichen Blütentracht ohne Nervengifte können sie ihre Abwehrkräfte wieder stärken.

Pflanzen lauschen dem Summen der Bienen und steigern für sie ihre Nektarproduktion.

In der biologischen Landwirtschaft geht es bunt zu. Irgendwo blüht es immer. Sogar inmitten eines Getreidefeldes. Eine Untersaat aus verschiedenen Kleesorten, Leindotter und Gräsern unterstützt die Hauptfrucht Getreide. Diese Pflanzen mindern das Erosionsrisiko und den Wuchs von Unkraut, da sie den Boden räumlich wie zeitlich lückenlos bedecken.

Vom Frühling über den Sommer bis in den Herbst tummeln sich die Blütenbestäuber auf diesen Feldern, saugen Nektar und finden reichlich Pollen für ihre Brut. Und die Vegetation ist in ihrer Vielfalt auch auf sie angewiesen. Auch hier ein Geben und Nehmen. Solche Felder und Landschaften sind nicht nur wirtschaftlich ertragreich und ökologisch sinnvoll. Sie bergen manch kleines Wunder. So reagiert etwa die in Mexiko und Texas beheimatete Nachtkerze *Oenothera drummondii* binnen Minuten auf das Summen der Bienen, indem sie die Zuckerkonzentration in ihrem Nektar steigert. Ihre Blüte ist wie ein Schalltrichter geformt und kann mit der Frequenz des Summens in Resonanz gehen. Die Nachtkerze verstärkt den Klang und leitet ihn als feine Vibrationen über die Wurzeln bis ins Erdreich. Wild- und Honigbienen, Hummeln, Nachtfalter, Käfer und Schmetterlinge laben sich am Nektar. Beeren, Obst, allerlei Früchte und Samen sind das Ergebnis dieses Miteinanders. Hecken, Bäume, Gräben, Teiche und unbewirtschaftete Brachflächen bieten Nistplätze und Rückzugsorte. Solche Habitate sind essenzielle Bestandteile einer strukturreichen und dauerhaft produktiven Landschaft.

Bei vielen Bauern überwiegt ein anderes Verständnis. Dies zeigt sich deutlich in der Tierhaltung. In der mittlerweile digital gesteuerten konventionellen Landwirtschaft werden Kühe am Futterplatz identifiziert. Ihnen wird dort ein von Computern errechneter Nährstoffmix verabreicht, entsprechend der beim Melken automatisch analysierten Milchzusammensetzung und -menge. Mehr als 10.000 Liter muss eine Kuh pro Jahr produzieren, damit sie sich amortisiert. Eine nachhaltige Landwirtschaft, die den Blick auf das Ganze richtet, kultiviert eine andere Perspektive auf die Tiere und ihre Ernährung: Hier bestimmt die Menge des natürlich wachsenden, betriebseigenen Futters die Zahl der zu haltenden Tiere. Sie verschreibt sich der Idee eines regionalen Kreislaufs, in dem natürliche Ressourcen nicht um jeden Preis ausgereizt werden: Artgerecht gehaltene Rinder, Schweine oder Hühner erzeugen wertvollen organischen Dünger, der

> Wenn sich der Viehbesatz nach der Menge des hofeigenen Futters richtet, entsteht ein geschlossener Kreislauf.

den Standort fruchtbar erhält. Im Laufe von einigen Jahren ist solch ein Betrieb in die Gesamtheit der Landschaft ökologisch eingebunden und braucht weder Futter aus fernen Ländern noch Kunstdünger oder chemische Pestizide. Der gesellschaftliche Rückhalt für eine derartige, am Gemeinwohl orientierte, bäuerliche Agrarproduktion ist inzwischen vorhanden. Die Bienen danken es durch Vitalität und gesunden Honig mit wertvollen Nährstoffen.

Bleibt die Frage, warum sich die industrielle Agrarproduktion derart verbreitet hat. Weil man preiswerte Lebensmittel benötigt, um die Weltbevölkerung zu versorgen, lautet die geläufige Antwort. Doch auch das stimmt nicht. Die Umweltorganisation der Vereinten Nationen hat errechnet, dass pro Tag und Erdenbürger 4.600 Kilokalorien an Nahrungsmitteln hergestellt werden, also das Doppelte des durchschnittlichen Energiebedarfs der Weltbevölkerung. 14 Milliarden Menschen könnten davon satt werden. Trotzdem stirbt alle drei Sekunden ein Mensch an Hunger, während in der westlichen Welt unvorstellbare Massen an Nahrung vernichtet werden. Allein die deutschen Haushalte werfen pro Kopf und Jahr etwa 85 Kilogramm Lebensmittel weg. Auf den zum Teil Tausende Kilometer langen Transportwegen sind die Verluste noch wesentlich höher.

Aufklärung und Umdenken tun also not. Und zwar im großen Stil. Einzig der Mensch hat es in der Hand, die Rahmenbedingungen zu ändern, unter denen seine Nahrungsmittel erzeugt werden. Schließlich hat er das System hervorgebracht. 45 Millionen Jahre sind die Bienen ausgezeichnet auf der Erde zurechtgekommen. Seit Kurzem brauchen sie menschliche Hilfe, um zu überleben. Da mag ein wenig aus dem Blick geraten, dass wir die Hilfe der Bienen ebenso zum Überleben brauchen. Legen wir es besser nicht darauf an, herauszufinden, wessen Abhängigkeit stärker ist.

WAS UNS
BIENEN SAGEN

gesteuert mit ihren geschärften Sinnen wahr, was gerade notwendig ist, und handeln danach. Egal, ob sie die Brut angemessen versorgen, die Wabe genau so beheizen, wie es die Larven brauchen, oder so viele Zellen bauen, wie es die Vitalität des Volkes verlangt. Die Kooperation als Prinzip kommt ohne Herrschaft aus, da jede Biene unmittelbar gewahr wird, was gerade zu tun ist, um das Gemeinwohl zu steigern.

Das kooperative Gemeinwesen der Bienen kann Inspirationen auch für den Wandel des menschlichen Zusammenlebens liefern. Eine Metamorphose einer Gesellschaft, in der jeder Einzelne aufgrund hierarchischer Strukturen weiß, was erledigt werden muss, hin zu einem Gemeinwesen, in dem genau das, was notwendig ist, aus dem Kooperationsgedanken heraus getan wird. Hierin würde sich eine weitere Facette der menschlichen Freiheit zeigen. Sie wäre dann weder antisoziale Handlungs- noch konsumistische Wahlfreiheit, sondern Freiheit als Einsicht in die Notwendigkeit. Diese hegelsche Definition klingt nur so lange paradox, wie man Notwendigkeit als Gegenbegriff zur Freiheit versteht. Wenn man sich jedoch vom Bienenvolk inspirieren lässt, erlangt man ein anderes Verständnis. Eine individuell geschöpfte Handlung kann nur frei sein, wenn ihr Subjekt das Notwendige (ein)sieht. Stellt sich sofort die Frage, was dieses Notwendige ist. Diesbezüglich herrscht im gesellschaftlichen Diskurs nicht unbedingt Einigkeit. Versucht man, sich hier nochmals vom funktionierenden Gemeinwesen der Bienen inspirieren zu lassen, könnte die Antwort wie folgt lauten: Eine Handlung, die das Notwendige reflektiert, schränkt die Freiheit anderer nicht ein, sondern befördert sie noch. Konkret heißt das: Der Einzelne nutzt seine Freiheit, wenn das, was er aus einer individuellen Motivation heraus macht, dem Gemeinwohl dient. Im Umkehrschluss könnte man sich einfach fragen, ob das eigene Handeln mit den Menschenrechten kollidiert oder nicht.

> Wenn man sich vom Bienenvolk inspirieren lässt, wird plausibel, dass eine individuell geschöpfte Handlung nur frei sein kann, wenn ihr Subjekt das Notwendige (ein)sieht.

Also: Zieht meine Handlung auch die Freiheit und Gleichheit aller Menschen mit ins Kalkül? Oder verrichte ich einen im besten Fall sinnentleerten oder gar gemeinwohlschädlichen Job? Doch handelt man nicht nur beruflich, sondern auch darüber hinaus. Beim Kaufen etwa: Interessiert man sich für die Bedingungen, unter denen die Produkte, die man erwirbt, hergestellt und transportiert wurden? Oder dient der günstigste Preis als einziges Orientierungsraster? So wird die Einsicht zum entscheidenden Faktor in der Formel. Freiheit, könnte man mit dem Philosophen Markus Gabriel sagen, ist die Notwendigkeit, die sich selber einsieht. Wenn ich die Notwendigkeit der Menschenrechte eingesehen und in der Tragweite durchdrungen habe, kann ich zum Beispiel vor diesem Hintergrund im konkreten Fall aus einem persönlichen Motiv frei handeln.

Diese Einsicht liegt jedoch im Dickicht der umfassenden Verwirtschaftlichung tief vergraben. Dabei eignen dem Wirtschaftssystem durchaus positive Aspekte, kümmert es sich doch um die leiblichen Bedürfnisse der Menschen. Doch in den letzten 100 Jahren hat sich die Wirtschaft als eigenes System verselbstständigt. Befeuert wurde sie dabei, indem sie neben der Bedürfnisdeckung noch die Bedürfnisweckung als Geschäftsfeld entdeckte. Resultat dieser Entkoppelung von ihrer ursprünglichen Funktion war eine ungeheure Wachstumsdynamik, die nicht einmal vor den planetaren Grenzen haltmachen will. Auf einem endlichen Planeten gibt es aber auch nur endliche Ressourcen. Somit kann es schwerlich jenes dauerhafte Wachstum geben, welches als Prämisse zahlreicher Wirtschaftstheorien fungiert. Das wusste der sogenannte Club of Rome bereits Anfang der 1970er-Jahre. Dieser gemeinnützige Zusammenschluss von Wissenschaftlern aus mehr als 30 Ländern schrieb in seiner Studie „Grenzen des Wachstums": „Wenn die gegenwärtige Zunahme

> Auf einem endlichen Planeten gibt es auch nur endliche Ressourcen. Somit kann es schwerlich jenes unendliche Wachstum geben, von dem die Wirtschaft auszugehen scheint.

der Ausbeutung von natürlichen Rohstoffen unverändert anhält, werden die absoluten Wachstumsgrenzen auf der Erde im Laufe der nächsten hundert Jahre erreicht."

Ein weiterhin ungehemmtes Wachstums- und Effizienzstreben wird unseren Planeten jedoch noch rascher ausbeuten. Denn effizientere Methoden in der Herstellung von Produkten führen nicht etwa dazu, dass dieselben Mengen mit ressourcenschonenderem Aufwand hergestellt werden. Im Gegenteil: Der Ressourcenverbrauch bleibt konstant auf hohem Niveau.

Auch in diesem Punkt liefern die Bienen Inspiration. Durch achtsames Verhalten in jeder Situation, an jedem Ort und in jeder Funktion ihrer Lebensphasen finden die Bienen als Gesamtorganismus ins Gleichgewicht des Nötigen, das als Suffizienz bezeichnet wird. Sie praktizieren eine ressourcen- und energieneutrale Kreislaufwirtschaft, die sich selbst versorgt. Als Gesamtorganismus stehen sie darüber hinaus in einem gedeihlichen Verhältnis zur Umwelt. Die Bienen räubern den Planeten nicht aus, sondern geben auf qualitativer Ebene sogar mehr zurück, als sie nehmen. Sie saugen den Nektar der Blüte und spenden Fruchtbarkeit.

> Durch achtsames Verhalten finden die Bienen als Gesamtorganismus ins Gleichgewicht des Nötigen.

Diese Art des In-der-Welt-Seins kann als Kompass für eine Entwicklung dienen, die Uwe Schneidewind als Vordenker der großen Transformation unserer Gesellschaft „doppelte Entkoppelung" nennt. Den Forschungen seines Wuppertaler Instituts für Klima, Umwelt und Energie zufolge muss zum einen das „Wirtschaftswachstum vom Ressourcenverbrauch durch zumeist technologische Innovationen" entkoppelt werden. Im zweiten Schritt muss dies auch bei der verhängnisvollen Verbindung von Lebensqualität und Wirtschaftswachstum gelingen.

Insofern gibt es gute Gründe, sich vom suffizienten Lebensstil der Bienen inspirieren zu lassen. Sobald man zwar das Nötige, nicht aber das Glück im Materiellen sucht, eröffnen sich neue Horizonte und Lebensperspektiven. Denn anders als dem gegenständlichen ist dem geistigen Wachstum keine Grenze gesetzt. Anstelle des Bruttosozialproduktes wäre dann der Index für das Bruttonationalglück die wichtigste Zahl im Lande, so wie es im südasiatischen Bhutan bereits seit der Jahrtausendwende gängige Praxis ist. Unter den sieben Dingen, die Menschen glücklich machen, findet sich nach einer Studie, die der britische Ökonomieprofessor Lord Robert Skidelsky durchführte, keine einzige materielle Sache: Gesundheit, Sicherheit, Respekt, Persönlichkeitsentfaltung, Harmonie mit der Natur, Freundschaften und Muße. Darum geht's in Glücksdingen.

Gewiss wäre nichts gewonnen, wenn wir Menschen das Bienenvolk kopieren würden. Das dürfte uns auch gar nicht gelingen, denn die Abläufe des Zusammenlebens dieser sozialen Insekten werden von 45 Millionen Jahre lang erprobten und genetisch engrammierten Skripten geregelt. Trotzdem können wir von ihren Praktiken lernen. Etwa von ihrer Art, über Bewertungen zu verbindlichen Urteilen zu gelangen. So wie die Spurbienen in ihrer Sprache über die beste Stelle diskutieren, die für den Schwarm zur neuen Wohnung werden soll, könnten auch Menschen über ihre Belange diskutieren und handlungsleitende Entscheidungen treffen. Bienen tauschen sich munter darüber aus, wohin die Reise des Schwarms gehen soll. Das ist auch die Grundidee der Demokratie. Warum also sollten nicht wieder verstärkt die Bürger selbst ihre Geschicke in die Hand nehmen und bestimmen, wohin die Reise ihrer Gesellschaft geht? Sicher, es gibt dafür Profis, die dem Einzelnen die Anstrengung abnehmen, sich mühsam in das Dickicht politischer Prozesse vorzuar-

> So wie die Spurbienen in ihrer Sprache über die beste Stelle diskutieren, die für den Schwarm zur neuen Wohnung werden soll, könnten auch Menschen über ihre Belange diskutieren und sich dazu des Instrumentariums runder Tisch bedienen.

beiten. Doch das Vertrauen, dass dabei die Interessen des Gemeinwohls hinreichend berücksichtigt werden, scheint mancherorts verloren gegangen zu sein. Es fehlt an Resonanzräumen im öffentlichen Bereich. Resonanz aber ist die Urerfahrung eines jeden Einzelnen. Auf ihr ruht die gesamte menschliche Existenz. Menschen kommen aufgrund ihres von der Evolution überschwänglich dimensionierten Kopfes zu früh auf die Welt und wissen nicht, was zu tun ist, wenn sie das Licht der Welt erblicken. Alles, was sie in ihrem Leben als Wesen auszeichnen wird, müssen sie erst noch lernen: Aufrichten, Laufen, Sprechen, Denken, soziales und kulturelles Verhalten. All diese Fähigkeiten erwirbt der Mensch in Resonanz mit seinen Bezugspersonen. So entwickelt sich schließlich alle Individualität auf dem Resonanzboden der Sozialität. Wenn nun das Vertrauen in die Integrationskraft der Politik verloren geht, ist das ein deutliches Zeichen dafür, dass Resonanzräume fehlen. Eine Weiterentwicklung der Politikstruktur könnte Abhilfe schaffen.

Wie können sich Resonanzräume bilden, um etwa über die Form unseres Wirtschaftens zu reden? Beispielsweise über eine gerechte Preisgestaltung: Welche Kosten der Produktion sollten berücksichtigt werden? Und welche Folgekosten? Müsste nicht ein Brot, dessen Herstellung die Reduzierung der Artenvielfalt ebenso wie die Flächenerosion mitbetreibt, ein Vielfaches des Brotes kosten, dessen Getreide aus biologischem Anbau stammt, der seinerseits zum Erhalt der Artenvielfalt beiträgt, keinen Kunstdünger benötigt und sogar noch Humus aufbaut? Warum aber ist es genau andersherum? Solche Fragen kommen womöglich erst in einer mehr partizipativen Demokratie wieder auf den Tisch.

Auch der Bienenstaat kennt Parteien. Sie entstehen bei der Wahl einer neuen Bienenwohnung für den Schwarm. Dabei wird zeitweise mit nahezu überwältigender Mehrheit für eine der in Betracht kommenden Möglichkeiten gestimmt.

> Sogar die politische Willensbildung könnte von den Bienen inspiriert werden.

Doch dabei geht es nicht um die Macht einer Partei, sondern um die beste Lösung für die Zukunft des Volkes. Daher kann in wenigen Stunden ein Urteil über Bord geworfen werden, wenn eine Arbeiterin überraschenderweise noch einen besseren Vorschlag einbringt. In diesem Prozess zählt keine Biene mehr als die andere. Diejenige, die zum Schluss die Wende bringt, ist und bleibt eine ganz normale Arbeiterin.

Modelle partizipativer Demokratie gibt es auch in menschlichen Gemeinschaften. So sieht etwa der belgische Historiker und Archäologe David Van Reybrouck vor, die Anzahl der Berufspolitiker um ein Drittel zu reduzieren. Die frei werdenden Sitze im Parlament sollen dann per Losentscheid an die Bürger des Landes gehen. Aufgrund der so entstehenden Machtverhältnisse bräuchten die gewählten Politiker für jedes ihrer Anliegen vom Gesetzentwurf bis hin zur Besetzung von Ämtern die Stimmen der Laien. Auf diese Weise bekäme das Volk in Form vieler verschiedener Stimmen Gehör und Gewicht im Parlament. Zugleich wäre durch die Expertise der Berufspolitiker die Einhaltung bewährter Routinen garantiert und somit der rechtsstaatliche Rahmen gegeben. Neue Modelle partizipativer Demokratie könnten Verkrustungen aufsprengen und neue Formen der Beteiligung schaffen, die an die unbedingte Kooperationspraxis der Bienen erinnern.

Die Bienen führen noch ein weiteres drastisches Existenzial des Lebens plastisch vor Augen. Wachstum ist nicht nur im materiellen, sondern auch im rein biologischen Sinne begrenzt. Getreu des Goethe-Wortes: „Leben ist die schönste Erfindung der Natur und der Tod ist ihr Kunstgriff, viel Leben zu haben." Prinzipiell könnten aus jedem Bienenstock drei weitere Völker entstehen. Man muss weder ein Prophet noch ein Rechenkünstler sein, um zu sehen, dass die Bienen ihr Vermehrungspotenzial in den letzten 45 Millionen Jahren nicht

Die Bienen zeigen eindrucksvoll, ebenso wie die selbstregulativen Prozesse in ökologischen Systemen, dass Produktivität nicht zwangsläufig in eine Steigerungslogik hineinführen muss.

ausgeschöpft haben. Wie jede andere Tierart auch befinden sie sich in einer Homöostase mit ihrer Umgebung. Auch das könnte sich durch den Eingriff des Menschen bald ändern. Nicht nur in den USA, auch in Asien und Deutschland wird verstärkt an der Veränderung des Erbgutes der Biene mit neuen Verfahren wie der sogenannten Genschere CRISPR/Cas gearbeitet, um sie gegen Pestizide resistent zu machen.

Gentechnisch veränderte Bienen sind jedoch im Freiland nicht mehr rückholbar. Die Drohnen fragen weder beim Patentamt noch beim Züchter, wen sie begatten dürfen. Nicht zuletzt die Geschichte der unbeabsichtigten Freisetzung von mit Varroa befallenen Bienen sollte uns lehren, welche unvorhersehbaren Folgen menschliche Eingriffe haben können. Anstelle eines sich aus eigenen Kräften entwickelnden, sich selbst regulierenden lebendigen Systems, wie es Bienenvölker in ihrer Landschaft sind, wird versucht, mit invasiven Maßnahmen eine besser kontrollierbare Bienen-Ökonomie zu schaffen, die sich optimal in die Agrarindustrie einpasst. Die Fülle der anderen Blütenbestäuber und Bodenlebewesen wäre allerdings weiterhin nicht vor den schädlichen Wirkungen von Pestiziden geschützt. Die fortschreitende Reduzierung der Artenvielfalt wäre die Folge, wenn man auf die gentechnische Karte zur weiteren Erhöhung des Gewinns setzt.

Nicht nur die von Gentechnik verschonten Bienen, sondern die selbstregulativen Prozesse in ökologischen Systemen überhaupt zeigen eindrucksvoll, dass Produktivität nicht zwangsläufig in eine Steigerungslogik hineinführen muss. So könnte auch der wirtschaftliche Überfluss an das Gemeinwohl zurückgegeben werden und dorthin fließen, wo er am nötigsten gebraucht wird. Zuallererst in Bildungsprozesse, und zwar nicht nur für Kinder und Heranwachsende, sondern für alle Menschen. Bildung ist hier auch nicht im engen fachlichen oder naturwissenschaftlich-technischen Sinne gemeint. Vielmehr sollten immer auch ethische Gesichtspunkte im Vordergrund stehen, Selbstreflexion, innere Balance und Großzügigkeit, kurz eine umfassende Persönlichkeitsentwicklung, die unsere zweckrationalen Gedankenmuster für lebendige Zusammenhänge weitet. Oder wie es der Dalai Lama ausgedrückt hat: „Wir brauchen eine Schulung in Einfühlungsvermögen und Warmherzigkeit."

> Das Bienenvolk als das erfolgreichste Unternehmen der Welt demonstriert, dass ein Gemeinwesen auf Dauer nur bestehen kann, wenn alle Beteiligten dabei gewinnen.

Bildungsprozesse auf gesellschaftlicher Ebene werden möglich, wenn das überschüssige Kapital aus der gegenwärtigen Praxis der Einzelzwecksetzung herausgelöst und verfügbar wird für das Gemeinwohl. So wie es das Bienenvolk als das erfolgreichste Unternehmen der Welt demonstriert. Nachhaltig können Unternehmen oder Gemeinwesen nur bestehen, wenn alle Beteiligten und Partner gewinnen. Produktion sollte für Menschen, nicht für Märkte erfolgen. Auch der Spielraum für eine lebensfreundliche Landwirtschaft wäre ohne Weiteres vorhanden. Zumal wir keine industrielle Agrarproduktion brauchen, um die wachsende Weltbevölkerung zu ernähren. Der Weltagrarbericht der UNO (IAASTD) hat gezeigt, dass genug für alle produziert werden kann, ohne die Fruchtbarkeit der Böden und die Vielfalt der Landschaften zu zerstören. Hunger und Armut haben dem Bericht zufolge ihre Ursachen primär in Kriegen, Vertreibung und ungerechter Verteilung. Eine weitere Steigerung der industriellen Agrarproduktion ändert daran nichts. Wenn wir wirklich neue Wege gehen wollen, gilt es, den blinden Fleck in uns zu identifizieren. Dafür müssen wir einen Moment innehalten, die gewohnten praktischen, zielgerichteten und handlungsleitenden Vorstellungen loslassen und die Aufmerksamkeit gewissermaßen auf einen leeren Raum richten.

Dieser Raum füllt sich mit Ideen für eine gesellschaftliche Transformation. So entwickeln weltweit Landwirte und Konsumenten miteinander regionale Lösungen. Unter dem Stichwort Solidarische Landwirtschaft gewährleisten private Haushalte die finanzielle Absicherung eines Hofes, um eine nicht-industrielle, marktunabhängige Landwirtschaft zu ermöglichen, und teilen im Gegenzug die Ernte untereinander. Die Städter lernen dabei die Realität der Feldbestellung und der Bienenhaltung vor Ort kennen. Die Prioritätensetzung der Landwirte, Gärtner und Imker bei der Entwicklung des Betriebes wird von den städtischen Partnern begleitet und mitbestimmt. Fragen danach, was man sich Bienengesundheit und Umweltschutz kosten lassen möchte, stehen dabei im Mittelpunkt. So könnte die Ohnmacht angesichts des Systems der konventionell arbeitenden Agrarindustrie durch den Mut zur Suche nach eigenständigen Wegen überwunden werden. Aus freien Stücken verlassen die Beteiligten ihre Komfortzone und ernten dabei nicht nur gute Lebensmittel, sondern vor allem die beglückende Erfahrung, Mitglied einer Community zu sein, die Ernst macht mit der anstehenden Transformation aller Lebensbereiche.

Die bereits in ihren ersten Schockwellen greifbare Klimakatastrophe gibt den Kräften des Wandels den nötigen Rückenwind. Die Betroffenen nehmen die Sache selbst in die Hand. Wenn die Jugend der Welt ein radikales Stoppsignal sendet, weil ihre Zukunft auf dem Spiel steht, wächst das Rettende in der drohenden Gefahr. Einmal mehr sind es die Bienen, die uns sagen, wie man in Bewegung kommt: Es erfordert nur ein wenig Mut, um den Schritt ins Ungewisse zu gehen. Da wir die Welt erschaffen, brauchen wir nur das Alte loszulassen und unsere Aufmerksamkeit auf etwas Neues zu richten, aus dem dann die Zukunft erwächst. Da liegt die Freiheit. Jeder Schwarm bringt diesen Mut auf und wird dafür belohnt. Er lässt alles hinter sich, das ganze Nest voller Waben, Honig und Brut. Der Schwarm macht Platz und zieht aus seinen Besitztümern aus. Er bricht auf, getragen vom Vertrauen, dass genug für alle da ist. Wer sich auf den Weg macht, fällt nicht ins Nichts, sondern landet in der Fülle der Welt.

GLOSSAR

Ammenbienen: Arbeiterinnen der Honigbienen im Alter vom dritten bis zum zwölften Lebenstag. Sie füttern die Bienenlarven mit speziellen Drüsensekreten und Honig.

Ammenmilch: auch Gelée royale genannt. Ammenbienen erzeugen sie mit einer Drüse im Kopf. Sie dient der Fütterung der Königin und gemischt mit Honig der von Arbeiterinnenlarven.

Antennen: auch Fühler genannt. Gegliederte Körperanhänge am Kopf, sie sind mit Sinneszellen für Tast-, Geruchs- und Geschmackssinn ausgestattet und erfassen elektrostatische Felder.

Apikultur: lateinisch *apis*, die Biene. Apikultur bezeichnet die Haltung von Bienen durch den Menschen.

Apis cerana: Östliche oder Asiatische Honigbiene. Sie ist eine der in Asien vorkommenden Arten der Honigbienen.

Apis mellifera: Westliche oder Europäische Honigbiene. Ihr ursprüngliches Verbreitungsgebiet ist Europa, Afrika und Vorderasien, sie wird heute weltweit am häufigsten wirtschaftlich genutzt.

Baubienen: Bienen vom 13. bis zum 18. Lebenstag, deren bauchseitige Drüsen am Hinterleib Wachs absondern, das sie zum Wabenbauen verwenden

Beute: vom Imker bereitgestellte Behausung (künstliche Nisthöhle) der Honigbienen

Bien: bezeichnet den Superorganismus Honigbienenvolk als Ganzes, also alle Tiere eines Bienenstocks, und beinhaltet Waben, Brut, Honig- und Pollenvorräte

Bienenbrot: besteht aus fermentierten Blütenpollen und wird in Wabenzellen gelagert. Es wird von Arbeiterinnen gefressen und in die Ammenmilch älterer Arbeiterinnenlarven gemischt.

Bienenhaltung, wesensgemäße: Die Maßnahmen der Bienenhaltung orientieren sich am Bienenvolk als einem Ganzen (dem Bien): keine Manipulationen des Brutnestes, Naturwaben, Vermehrung über den Schwarmtrieb, keine künstliche Königinnenzucht.

Bienenstand: Platz, an dem Imker ihre Bienen aufstellen; kann aber auch den Unterstand für die Bienenkästen bezeichnen

Brutnest: Bereich der Waben, in dem die Brut aufgezogen wird

Buckfastbiene: durch Kombination verschiedener lokaler Unterarten der Westlichen Honigbiene im englischen Kloster Buckfast gezüchtete Biene

Drohn/Drohne: männliche Bienen, auch bei Hummeln und anderen staatenbildenden Insekten, wie Wespen

Faulbrut: Man differenziert zwischen unterschiedlichen Arten mit verschiedenen Erregern. Die sogenannte Amerikanische Faulbrut ist eine hochinfektiöse, anzeigepflichtige bakterielle Brutkrankheit der Honigbiene. Siehe auch Sauerbrut.

Fehlbrütigkeit: Zustand im Bienenvolk, bei dem die Königin nicht in der Lage ist, ihre Eier zu befruchten. Infolgedessen schlüpfen nur noch männliche Bienen, die Drohnen.

Gelée royale: siehe Ammenmilch

Heizerbienen: erwärmen die Bienenbrut oder die Wintertraube, indem sie ihren Brustbereich durch Muskelzittern auf bis zu 43 Grad erhitzen

Honigmagen: auch Honigblase genannt. Der Honigmagen ist ein Vorratsorgan der Honigbiene, in dem sie während ihrer Sammelflüge den Nektar aufnimmt.

Königinnen(brut)zelle: eine runde, besonders große Wabenzelle, die bei Bedarf speziell zur Aufzucht von Bienenköniginnen gebaut wird

Mandibeldrüsen: Drüsen der Bienen, die Duftstoffe freisetzen, die für das soziale Gefüge eine besondere Rolle spielen

Metamorphose: Bezeichnung für die Verwandlung der Larve zum Imago, dem erwachsenen Insekt; findet im Puppenstadium in der geschlossenen Brutzelle statt

Mittelwand: eine vom Imker für künstliche Waben hergestellte Platte aus Bienenwachs mit einem Relief von Sechsecken in der Größe von Arbeiterinnenbrutzellen

Mobilbau: Wabenwerk, bei dem die Waben durch die Verwendung von Rähmchen einzeln bewegt und ausgetauscht werden können

Nachschwarm: bezeichnet bei der natürlichen Vermehrung des Volkes den zweiten oder die folgend abgehenden Bienenschwärme mit jungen Königinnen, die den Stock verlassen

Neonicotinoide: hochwirksame Insektizide, die die Reizweiterleitung der Nerven blockieren und zum Tod oder zu Störungen der Kommunikation, Orientierung oder des Gedächtnisses führen

Pheromone: Botenstoffe, die von Drüsen der Bienen oder ihrer Brut abgesondert werden. Sie dienen der Kommunikation und steuern das Verhalten.

Propolis: Harz, das die Bienen aus Baumharzen herstellen, die sie sammeln und mit Wachs und Pollenbalsam verarbeiten. Seine antibakterielle und antimykotische Wirkung dient der Hygiene im Stock.

Rähmchen: bewegliche Holzrahmen in Bienenkästen, in denen Bienen Waben bauen. Im Rähmchen werden Drähte zur Befestigung von Mittelwänden gespannt.

Reizfütterung: Fütterung der Bienen mit Zuckerwasser, um die Eiablage der Königin im Frühjahr oder Spätsommer zu erhöhen

Sauerbrut: auch Europäische Faulbrut genannt. Sie ist eine bakterielle Brutkrankheit der Honigbiene und relativ harmlos im Vergleich zur Amerikanischen Faulbrut.

Spielnäpfchen: Name für Königinnenbrutzellen in der Schwarmzeit, solange noch kein Ei hineingelegt wurde

Spurbienen: erfahrene, ältere Bienen, die für den Schwarm nach neuen Nistplätzen suchen, den besten Platz auswählen und den Schwarm dorthin leiten

Stabilbau: Wabenwerk, das von den Bienen unmittelbar an die Wandung ihrer Nisthöhle fest angebaut wird, sei es in hohlen Bäumen, im Fels oder in Bienenkörben

Standbegattung: Königinnen fliegen vom Bienenstand frei zur Begattung aus und lassen sich von mehr als zehn Drohnen unterschiedlicher genetischer Herkunft begatten.

Sterzeldrüse: eine am Hinterleib befindliche Drüse der Bienen, die ein nach Melisse duftendes Pheromon absondert, das sterzelnd verteilt wird. Es lockt Bienen an und dient der Traubenbildung.

Sterzeln: das Fächeln der Bienen mit ihren Flügeln bei hochgestelltem Hinterleib und Aktivität der Sterzeldrüse. Durch koordiniertes Sterzeln kann eine starke Luftströmung erzeugt werden.

Stiften: bezeichnet das Eierlegen der Königin in eine Brutzelle. Das Ei der Biene wird aufgrund seiner länglichen Form auch Stift genannt.

Stille Umweiselung: die von Schwarmstimmung unabhängige Neu-aufzucht einer Königin durch das Volk. Damit wird eine ältere Königin ersetzt.

Stockbienen: Bienen im ersten Lebensabschnitt, in dem sie Aufgaben im Bienenstock erfüllen, z. B. Brut wärmen, Larven füttern, Waben bauen oder Nektar verarbeiten

Varroa-Milbe: Parasit bei erwachsener Biene und Brut der *apis mellifera*, die bei ihr zu großen Schäden führt, nicht aber bei ihrem ursprünglichen Wirt, der Asiatischen Biene *apis cerana*

Verdeckeln: das Verschließen von Wabenzellen. Zellen mit reifem Honig werden mit einem luftdichten und Brutzellen mit einem offenporigen Wachsdeckel verschlossen.

Völker, nackte: Bienenvölker ohne Waben

Vorschwarm: bei der natürlichen Vermehrung des Volkes der erste abgehende Schwarm, der mit der alten Königin den Stock verlässt

Waben, bewegliche: Waben moderner Bienenkästen im Mobilbau, die die Bienen in Rähmchen gebaut haben

Wachskreislauf: Kreislauf der Gewinnung von Wachs aus alten Waben durch Schmelzen und Reinigen zur Wiederverwendung für die Herstellung neuer Mittelwände

Zeidlerei: Bienenhaltung in ausgehöhlten lebenden Bäumen. Dabei zeidelt (schneidet) der Zeidler die zu erntenden Honigwaben mit speziellen Messern aus dem Stabilbau.

AUTOREN

Thomas Radetzki kommt unerwartet zu den Bienen. Er kann Wespen und Bienen nicht unterscheiden, bis er als Schüler auf einen Berufsimker trifft, dessen Tun ihn so fasziniert, dass er beschließt: „Ich werde Imker."

Er wird Imkermeister und betreut zunächst im Nebenerwerb bis zu 50 Völker in Magazinen mit künstlicher Königinnenzucht und allem, was konventionell dazugehört. Er arbeitet vier Jahre auf einem großen Demeter-Betrieb – morgens und abends melken, Grünlandbewirtschaftung und Ackerbau.

Das durch die Varroa-Milbe beginnende Bienensterben bringt ihn dazu, den Verein Mellifera e. V. zu gründen, den er 30 Jahre lang als geschäftsführender Vorstand leitet. Dort entwickelt er mit rund 150 Bienenvölkern neue ökologische Betriebsweisen, wie das Imkern im Naturwabenbau, die Vermehrung der Völker auf Grundlage des Schwarmtriebes und die Entwicklung geeigneter Bienenwohnungen für extensive und erwerbsorientierte Imkereien.

Die später erstellten Richtlinien für ökologische Imkerei und Demeter-Bienenhaltung basieren wesentlich auf dem dort gewonnenen Erfahrungsschatz. So arbeitet Thomas Radetzki aktiv mit in der Forschung und ist Mitglied der europäischen Arbeitsgruppe für integrierte Varroa-Kontrolle. Die von ihm entwickelten Methoden der Varroa-Behandlung mit Oxalsäure werden heute international genutzt. Er hält Seminare und Kurse im In- und Ausland; dabei ist ihm der konstruktive Dialog mit der konventionellen Imkerschaft sehr wichtig – unter anderem deshalb ist er viele Jahre Teil der Prüfungskommission für die Abschlussprüfungen der Imker beim Regierungspräsidium Stuttgart.

Thomas Radetzki engagiert sich in Verbänden und Politik – seine breite Expertise bringt ihm den Ruf als unabhängiger Fachmann ein, der für qualifizierte, kreative und konsequente Projekte steht. Er gründet mit sieben Stiftern die Aurelia Stiftung und zieht mit ihr nach Berlin.

Was vor mehr als 40 Jahren bei einem Ausflug begann, ist zum Dreh- und Angelpunkt seines Lebens geworden. Sein Motto: „Es lebe die Biene!"

Matthias Eckoldt studierte Philosophie, Germanistik sowie Medientheorie und promovierte mit einer Analyse der Massenmedien auf Grundlage der Luhmann'schen Systemtheorie sowie der Foucault'schen Machtanalytik.

Im Jahr 2000 debütierte er mit dem Roman „Moment of excellence". Seither veröffentlichte er den Prosaband „Topidioten", den Roman „Letzte Tage", den Essayband „Wozu Tugend?" (gemeinsam mit René Weiland) sowie mehrere Sachbücher, darunter „Die Intelligenz der Bienen" (gemeinsam mit dem Neurowissenschaftler Randolf Menzel), „Eine kurze Geschichte von Gehirn und Geist", „Leonardos Erbe" sowie „Die ewige Wahrheit und der Neue Realismus" (gemeinsam mit Markus Gabriel). Außerdem zwei Gesprächsbände über den Stand von Neurowissenschaft und Bewusstseinsforschung.

Des Weiteren verfasste Matthias Eckoldt über 1.000 Radiosendungen zu kulturellen und naturwissenschaftlichen Themen – vor allem für DLF-Kultur, WDR und RBB Kulturradio. 2013 wurde sein Theaterstück „Wie ihr wollt – Ein Lustspiel zur Freiheit" am Landestheater Detmold uraufgeführt, 2015 sein Theaterstück „Mammon zieht blank!" ebendort und 2017 sein Stück „Kann das Gehirn das Gehirn verstehen?" am Theater in Leipzig.

Für seine Arbeit wurde Matthias Eckoldt unter anderem mit dem idw-Preis für Wissenschaftsjournalismus ausgezeichnet. Außerdem erhielt er ein Recherchestipendium des American Council on Germany in New York, ein Aufenthaltsstipendium des Künstlerhauses Lukas in Ahrenshoop sowie den Preis des Berliner Hörspielfestivals für sein Hörspiel „Ich bin ein Schweinehund, das ist gar nicht auszudenken". Seine Bücher „Eine kurze Geschichte von Gehirn und Geist" und „Leonardos Erbe" wurden von Bild der Wissenschaft für das Wissensbuch des Jahres 2017 beziehungsweise 2019 nominiert. „Die Intelligenz der Bienen" stand auf der Longlist für das Wissenschaftsbuch des Jahres 2017 in Österreich.

DAS PROJEKT „BIENEN UND BILDUNG"

Dieses **Sachbuch** bildet das Herzstück eines Gemeinschaftsprojekts von der Aurelia Stiftung und Klett MINT. In diesem Projekt, das von der Software AG - Stiftung finanziell ermöglicht und begleitet wurde, werden die vielfältigen Bezüge zwischen Bienen und Bildung erkundet. Für den Schulunterricht haben Autorinnen und Autoren aus der gesamten Bundesrepublik zusätzlich **Unterrichtsmaterialien** und Bildungsprojekte in den natur- und geisteswissenschaftlichen Fächern entwickelt.

Das Gesamtprojekt entstand aus einem Dialog zwischen Naturwissenschaftlern, Imkern, Philosophen, MINT-Lehrern, Sprachlehrern, Waldorf-, Reform- und allgemeinbildenden Pädagogen. Die Akteure dieses Projekts gestatten es sich, Grenzen auszuloten, sie zu überschreiten, zu durchbrechen, und vor allem große und kleine Fragen zu stellen – und sich dabei nicht vom festen Glauben abbringen zu lassen, dass die Beschäftigung mit der Biene lehrreich, anregend und heilsam zugleich sein kann.

www.mint-zirkel.de/biene-und-bildung

ÜBER DIE AURELIA STIFTUNG

Um Bienen und ihre Lebensräume in Zukunft wirksamer zu schützen, braucht es starke gesellschaftliche Allianzen und kollektiven Mut zu nachhaltigen, gemeinwohlorientierten Veränderungen. Aus diesem Motiv heraus hat Thomas Radetzki die Aurelia Stiftung im Jahr 2015 ins Leben gerufen. Von Berlin aus konzentriert sich das Team der Stiftung darauf, Politik, Wirtschaft und Öffentlichkeit für das Insektensterben zu sensibilisieren und Handlungsspielräume für eine bienenfreundliche Gestaltung von Stadt und Land(wirt)schaft aufzuzeigen.

Als unabhängige Expertin berät die Aurelia Stiftung Politik, Medien und Zivilgesellschaft und entwickelt mit qualifizierten Partnern Bildungs- und Forschungsprojekte. Die Stiftung versteht sich als „Anwältin der Bienen" und streitet für sie, wenn nötig auch vor Gericht. Dabei hat sie mit ihren Bündnispartnern wegweisende Schutzansprüche gegenüber schädlichen Pestiziden und Agro-Gentechnik durchgesetzt. Die Aurelia Stiftung engagiert sich zudem bei basisdemokratischen Bürgerinitiativen für die Vereinbarkeit von landwirtschaftlicher Produktion und dem Lebensraum für Blütenbestäuber und Artenvielfalt.

Die Stiftung finanziert ihre Projekte ausschließlich durch Spenden und öffentliche Fördermittel, wodurch ihre Unabhängigkeit gewährleistet bleibt.

DANKSAGUNG

Mein Dank gilt insbesondere der Software AG – Stiftung (SAGST) für ihr Vertrauen in das Projekt „Bienen und Bildung" und ihre außerordentliche finanzielle Unterstützung dieses Buches und unseres Unterrichtsmaterials für Lehrkräfte.

Die Grundzüge für das Projekt, das die SAGST eng begleitet hat, wurden in Stuttgart im Juli 2017 in einer Runde leidenschaftlicher Bienenfreunde entwickelt, deren langjährige Erfahrungen mit Bienen im Bildungskontext dabei einflossen. Dankbar fühle ich mich Marco Bindelli, Frank Hass sowie Rebecca Schmitz mit ihren Referentinnen des Netzwerks „Bienen machen Schule" verbunden.

Ohne Matthias Eckoldt, seinen inhaltlichen Input und seine wunderbare Schreibe, wäre dieses Buch nie erschienen. Gemeinsam haben wir mit unserem Lektor Jörg Schmidt, mit Petra Wöhner und Benny Pock von Klett MINT alle Höhen und Tiefen gemeistert.

Mein Dank gilt aber auch den nicht genannten Spenderinnen und Spendern für dieses Projekt und denen, die es ermöglicht haben, dass ich mich seit mehr als drei Jahrzehnten den Bienen im gemeinnützigen Kontext widmen kann. Die Arbeit mit dem Mellifera e. V. und der Aurelia Stiftung schlägt sich im Inhalt dieses Buches nieder. Besonderer Dank gilt meiner Frau Daniela, die mir immer den Rücken freigehalten hat.

Und natürlich: Was wäre aus mir ohne die Bienen geworden? Sie hatten schon früh mein Herz erobert. Viele Jahre war ich täglich bei meinen Völkern auf der Schwäbischen Alb. Die Bienen, die Veränderungen der Landschaft und der Imkerei haben mich vor immer neue Fragen und Herausforderungen gestellt. Bienen haben mir den Weg und Sinn meines bisherigen Lebens gewiesen. So möge dieses Buch mein Dank an die Bienen und eine Inspiration für möglichst viele Menschen sein.

Thomas Radetzki